东北大学“双一流”建设研究生教材

材料成型过程组织性能控制

周晓光　曹光明　刘振宇　编著

东北大学出版社
·沈　阳·

图书在版编目（CIP）数据

材料成型过程组织性能控制 / 周晓光，曹光明，刘振宇编著. — 沈阳 ： 东北大学出版社，2021. 12
ISBN 978-7-5517-2885-0

Ⅰ. ①材…　Ⅱ. ①周…　②曹…　③刘…　Ⅲ. ①钢 — 金属材料 — 成型 — 工艺　Ⅳ. ①TG141

中国版本图书馆 CIP 数据核字(2021)第 258945 号

出 版 者：东北大学出版社
　　　　　地址：沈阳市和平区文化路三号巷 11 号
　　　　　邮编：110819
　　　　　电话：024-83683655(总编室)　83687331(营销部)
　　　　　传真：024-83687332(总编室)　83680180(营销部)
　　　　　网址：http://www.neupress.com
　　　　　E-mail：neuph@neupress.com
印 刷 者：沈阳市第二市政建设工程公司印刷厂
发 行 者：东北大学出版社
幅面尺寸：170 mm×240 mm
印　　张：10.5
字　　数：188 千字
出版时间：2021 年 12 月第 1 版
印刷时间：2021 年 12 月第 1 次印刷
策划编辑：孟　颖
责任编辑：杨　坤
责任校对：刘明涵
封面设计：潘正一
责任出版：唐敏志

ISBN 978-7-5517-2885-0　　　　定　价：45.00 元

前 言

钢铁材料因其优良的综合性能被广泛应用于建筑、桥梁、船舶、交通、能源、油气输送、海洋设施等国民经济领域。目前，还没有任何一种材料能够全面取代钢铁材料，钢铁材料仍然是人类社会和经济发展的物质基础。轧制是钢铁材料成型最重要的手段之一。其中热轧的主要工序包括铸坯加热、除鳞、粗轧、精轧、冷却、卷取等。这些工序会对钢材奥氏体晶粒的长大、动态再结晶、静态再结晶、析出、相变等产生影响，并直接影响钢材的强度、塑性、韧性、冷弯等综合力学性能。近年来，科研工作者在热轧钢材组织性能控制方面做了大量卓有成效的工作，对钢铁加热、轧制和冷却全工序的组织演变有了更深刻的认识和理解。同时，又开发了很多新工艺，如超快速冷却等。新工艺条件下形成了全新的钢材成型过程的组织演变规律和机理。因此，有必要对钢铁材料成型过程中已取得的新的理论和实践成果进行系统的归纳和总结，进而对传统钢材轧制过程中的控制轧制和控制冷却技术进行适时的补充或修正。另外，近年来材料科学与工程专业的研究生队伍在不断扩大，生源的专业学术水平差异较大。鉴于此，本教材将结合钢材轧制过程的基础理论及该领域的最新研究进展，对钢材热轧全流程的组织演变行为进行整理和汇总。内容主要涵盖：轧制过程的基础知识、新技术，加热、轧制和冷却过程的再结晶、晶粒长大、析出、相变等组织演变规律、机理和新工艺的典型应用等。这些知识对于材料科学与工程专业研究生掌握轧制工艺对钢铁材料成型过程的组织性能的影响规律和强韧化机理是十分必要的，同时也为进一步研发新工艺和新产品提供强有力的理论与实验基础。

全书共分 6 章。第 1 章重点介绍钢中元素的作用、控轧控冷的基本理论和轧制新技术；第2、3章着重介绍钢材加热和轧制过程的奥氏体晶粒长大行为，再结晶行为和相关数学模型；第4章介绍Nb、V、Ti等微合金元素的析出行为；第5章介绍冷却过程的相变行为；第6章重点介绍控制轧制和控制冷却工艺对钢材组织性能的影响规律；给出了超快速冷却条件下钢材组织性能调控方法和典型应用。

本书在编写过程中参考和引用了一些文献和资料，谨向这些作者表示深深的感谢！

由于编著者学识水平所限，加之时间仓促，书中不妥和错误在所难免，敬请读者批评指正！

编著者

2021年11月

目　录

第1章　概　论

1.1　钢铁材料的发展及重要作用

1.1.1　钢铁材料的发展

早在三千多年以前，钢铁材料的发展就以炼铁的形式出现，但是由于技术条件的限制，钢铁材料发展比较缓慢，直到18世纪工业革命之后，钢铁材料的生产和应用才得到了突飞猛进的发展。1856年，Henry Bessmer通过将氧气吹入炼铁炉内的方法降低了铁水中的碳含量，标志着现代钢铁工业的诞生。到20世纪初，美国开始组建巨型的钢铁公司，把炼铁、炼钢、轧钢等工序集中在一起，这成为钢铁生产的基本形式，其中美国钢铁公司成为当时世界最大的工业公司。在20世纪60年代、70年代，大型高炉、LD转炉、连铸、计算机控制轧机等钢铁工业现代化技术开始迅猛发展。

钢铁材料生产的重要技术之一是轧制。用轧制方法生产钢材，具有生产率高、生产过程连续性强、品种多、易于实现机械化和自动化等优点，而且比锻造、挤压、拉拔等生产出的产品性能更高，成本更低。目前，约有93%的钢都是经过轧制成材的。轧制技术的发展尤其是控制轧制和控制冷却技术的发展开始于第二次世界大战期间，德国科研人员对钢铁制品的热加工条件、材质和显微金相组织的关系进行了非系统地零散研究，定性地揭示了热加工条件和材质之间的关系。20世纪60年代初期，美国科研人员定性地解释了热轧后的钢材继续发生奥氏体再结晶的动力学变化，才某种程度地从理论上解释了控制轧制技术。20世纪60年代末期，研究发现添加微量元素铌(Nb)可以显著提高钢材的强度。进一步的研究结果表明，造成Nb系钢材高强度的原因是铌的碳氮化物在铁素体中的析出，由此揭开了基于物理冶金学原理的控制轧制手段的序幕。在20世纪70年代以后，随着对钢材强度、低温韧性、焊接性能等各方面要求的提高，单纯的控制轧制已不能满足市场需求，因此在奥氏体控制轧制的基础上，发展出了控制冷却技术来控制相变。由此真正意义上的控轧控冷技术(TMCP)开始应用，TMCP 技术为钢铁行业的发展做出了巨大的贡献。

世纪之交以来，人类面对可持续发展这一重大战略，必须突破传统 TMCP 的局限性，开发新的钢铁生产理论、手段和方法，更有效地发挥固溶强化、细晶强化、相变强化、弥散强化等各种手段的协同强化作用。由此，基于超快冷的新一代 TMCP 技术应运而生。其中，作为 20 世纪钢铁业最伟大的成就之一的 TMCP 技术得到了进一步的革新和发展。在欧洲和日本相继开发出了热轧板带轧后超快速冷却技术。紧随其后，中国在轧后超快冷技术原理和应用方面也开展了大量探索研究。国内东北大学轧制技术及连轧自动化国家重点实验室(RAL)开发了针对中厚板、热连轧、棒材和 H 型钢生产线的超快速冷却系统，在低成本高品质钢材生产过程中发挥了重要的作用。

1.1.2 钢铁材料的重要作用

自从世界主要文明地区陆续进入铁器时代，钢铁材料便在人类生产、生活以及战争中起到了举足轻重的作用。一直到今天，钢铁材料的这种作用不但没有减弱，反而在不断增强。钢铁工业是为机械制造、金属加工、燃料动力、化学工业、建筑业、宇航和军工、交通运输业以及农业等部门提供原材料和钢铁产品的重要基础工业。钢铁材料是诸多工业领域中的必选材料，既是许多领域不可替代的结构材料，也是产量极大、覆盖极广的结构材料。钢铁工业长期以来是世界各国国民经济的基础产业，在国民经济中具有重要地位，钢铁工业的发展水平，历来是一个国家综合国力的重要指标。美国、日本、韩国及西欧等经济发达国家和地区无不经历了以钢铁为支柱产业的重要发展阶段。

1.2 钢中的(微)合金元素

在炼钢过程中加入一定量的一种或多种的金属或非金属元素可以获得材料的特殊性能，如提高强度、改善抗氧化性能、提高塑性和韧性等。而这些加进去的辅助性元素就叫作(微)合金元素。

1.2.1 钢中(微)合金元素的分类

钢中(微)合金元素的分类有很多种，可以从(微)合金元素对相变的影响、与碳相互作用的特点以及对奥氏体层错能的影响三个角度分类。

① 按照对相变的影响分类，可分为扩大奥氏体相区元素（如碳、氮、铜、锰、镍、钴等）和缩小奥氏体相区元素（如铬、钒、硅、铝、钛、钼、钨等）。一般情况下，扩大奥氏体相区元素易于优先分布在奥氏体中，缩小奥氏体相区元素易于优先分布在铁素体中。而合金元素的实际分布状态还与加入量和热处理条件有关。

② 按照与碳相互作用的特点分类，可分为非碳化物形成元素（如镍、铜、硅、铝、磷等）和碳化物形成元素（如铬、钼、钒、钛、铌等）。虽然非碳化物形成元素易溶入铁素体或奥氏体中，而碳化物形成元素易存在于碳化物中，但当加入的数量较少时，碳化物形成元素也可溶入固溶体或渗碳体，当加入数量较多时，可形成特殊碳化物。

③ 按照对奥氏体层错能的影响分类，可分为提高奥氏体层错能的元素（如镍、铜、碳等）和降低奥氏体层错能的元素（如锰、铬、钌等）。

1.2.2 钢中常见（微）合金元素的作用

碳（C）：C 是奥氏体稳定元素，可以扩大奥氏体相区，并提高奥氏体在室温下的稳定性。C 几乎对钢的所有性能都有影响。C 是较强的固溶强化元素，随着钢中 C 含量的增加，钢的屈服强度、抗拉强度和疲劳强度均增加，但塑性和韧性降低，冷脆倾向性和时效倾向性提高。而且，当 C 的质量分数超过 0.23% 时，会明显恶化钢板的焊接性能。同时，较低的 C 含量有助于发挥铌的细化晶粒和析出强化作用。

硅（Si）：Si 作为钢中的合金元素，一般以固溶体形态存在于铁素体或奥氏体中，可缩小奥氏体相区，提高退火、正火和淬火温度。Si 不形成碳化物，有强烈地促进 C 的石墨化的作用，在 Si 含量较高的中碳和高碳钢中，如不含有强碳化物形成元素，C 易在一定温度条件下发生石墨化。在渗碳钢中，Si 减小渗碳层厚度和 C 含量。Si 对钢水有良好的脱氧作用，可提高铁素体和奥氏体的硬度和强度，其作用较 Mn，Ni，Cr，W，Mo，V 等更强，可显著提高钢的弹性极限、屈服强度和屈强比。

锰（Mn）：Mn 是良好的脱氧剂和脱硫剂。钢中一般都含有一定量的 Mn，它能消除或减弱由于 S 所引起的热脆性，从而改善钢的热加工性能。Mn 和 Fe 易形成固溶体，可提高钢中铁素体和奥氏体的硬度和强度；同时 Mn 是碳化物形成元素，可进入渗碳体中取代一部分 Fe 原子。

磷(P)：P在钢中可起到固溶强化和冷作硬化作用，作为合金元素加入低合金结构钢中，能提高钢的强度和耐大气腐蚀性能，但会降低其冷冲压性能。P与S和Mn联合使用，能增强钢的切削性能，增加加工件的表面质量。P易溶于铁素体，能提高钢的强度和硬度，最大的害处是偏析严重，增加回火脆性，显著降低钢的塑性和韧性，致使钢在冷加工时容易脆裂，即所谓"冷脆"现象。

硫(S)：提高S和Mn的含量，可改善钢的被切削性能，在易切削钢中S作为有益元素加入。S在大部分钢中偏析严重，恶化钢的质量，在高温下，降低钢的塑性，是一种有害元素。它以熔点较低的FeS形式存在，当钢凝固时，FeS富集在原生晶界处。钢在1100~1200℃进行轧制时，晶界上的FeS将熔化，大大地削弱了晶粒之间的结合力，导致钢的热脆现象。因此对S的质量分数应严加控制，一般控制在0.02%~0.05%。为了防止因S导致的脆性，应加入足够的Mn，使其形成熔点较高的MnS。

铌(Nb)：Nb具备微合金元素在钢中的所有重要作用。其存在形式不同，则作用不同，Nb一部分可固溶在Fe基体中，一部分可与C，N形成稳定的碳化物、氮化物或碳氮化物。奥氏体中固溶的Nb可抑制形变奥氏体再结晶，提高奥氏体再结晶温度，从而细化轧后铁素体晶粒。在奥氏体中固溶的Nb还有降低奥氏体向铁素体转变温度的作用，在相同条件下，尤其在高冷却速度下，Nb可促进针状铁素体、贝氏体等低温相变产物的形成。Nb可形成稳定的碳氮化物，一部分加热时不溶解，阻止控制轧制前加热奥氏体晶粒长大，细化轧制前奥氏体晶粒，有利于轧后奥氏体晶粒和铁素体晶粒的细化；此外，在轧制过程中从奥氏体中变形诱导析出的Nb(C，N)，可阻止奥氏体再结晶过程，有利于组织扁平化，增加铁素体形核位置，以细化轧制后铁素体晶粒。而且，在控制轧制过程中和轧后冷却中析出的弥散、微细的Nb(C，N)粒子，可产生强烈的沉淀强化作用，提高钢的强度。

钒(V)：V能产生中等程度的沉淀强化作用以及较弱的晶粒细化作用，且与其质量分数成比例。V对奥氏体再结晶的阻止作用没有Nb明显。V仅在900℃以下时对再结晶才有推迟作用，在奥氏体转变后，V几乎已经全部溶解，所以V几乎不形成奥氏体中析出物，在固溶体中仅作为一个元素来影响奥氏体向铁素体转变。另外，钢中N含量对含V钢的影响很大，VN或富N的V(C，N)能抑制奥氏体再结晶，阻止奥氏体晶粒长大，从而细化铁素体晶粒，并且可以在铁素体内析出，起到析出强化的作用。

钛(Ti)：Ti可产生强烈的沉淀强化以及中等程度的细晶强化作用。Ti元素在钢中可以形成一系列的氧化物、硫化物、氮化物和碳化物。采用微Ti处理固定N并生成TiN，有利于降低钢中固溶N含量。Ti和S的亲和力大于Fe和S的亲和力，因此在含Ti钢中优先生成TiS，降低了生成FeS的概率，可以减少钢的热脆性。Ti与C形成的碳化物结合力极强、极稳定、不易分解，只有当加热温度达1000℃以上时，才开始缓慢地溶入固溶体中，在未溶入前，TiC微粒有阻止晶粒粗化的作用。

铝(Al)：Al可以缩小奥氏体相区，主要用来脱氧和细化晶粒。在渗氮钢中促使形成坚硬耐蚀的渗氮层。含碳量高时，赋予钢高温抗氧化及耐氧化性质。在耐热合金中，与Ni形成不稳定金属间化合物，从而提高其热强性。有促使石墨化倾向，对淬透性影响不显著。

铬(Cr)：Cr与Fe形成连续固溶体，缩小奥氏体相区。Cr与C形成多种碳化物，与C的亲和力大于Fe和Mn而低于W，Mo等。Cr与Fe可形成金属间化合物FeCr相。Cr使珠光体中C的质量分数及奥氏体中碳的极限溶解度降低；减缓奥氏体的分解速度，显著提高钢的淬透性，但会增加钢的回火脆性倾向。

钼(Mo)：Mo在钢中可固溶于铁素体、奥氏体和碳化物中，它是缩小奥氏体相区的元素。当Mo含量较低时，与铁、碳形成复合的渗碳体，含量较高时可形成特殊碳化物。此外，Mo在钢中能提高淬透性和热强性。降低回火脆性，增加剩磁和矫顽力以及在某些介质中的抗蚀性。

铜(Cu)：Cu是扩大奥氏体相区的元素，但在Fe中的固溶度不大。Cu对临界温度和淬透性的影响以及其固溶强化作用与Ni相似，可用来代替一部分Ni。力学性能方面，Cu能提高钢的强度，特别是屈强比。随着Cu含量的提高，钢的室温冲击韧度和疲劳性能会得到提高。少量的Cu加入钢中可以提高低合金结构钢和钢轨钢的抗大气腐蚀性能，与P配合使用时效果更为显著。

镍(Ni)：Ni和C不形成碳化物，它是形成和稳定奥氏体的主要元素。Ni由于能降低钢的临界转变温度和各元素的扩散速度，因而提高了钢的淬透性。Ni能强化铁素体并细化珠光体，总的效果是提高钢的强度，但对钢的塑性影响不显著。Ni可以提高钢的低温韧性和疲劳性能。Ni是有一定抗腐蚀能力的元素。Ni加入铁中，特别是Ni质量分数高时(超过15%~20%)，对硫酸和盐酸有很高的抗腐蚀能力，但不能抗硝酸的腐蚀。此外，Ni加入钢中还具有一定的抗碱腐蚀能力。

氮(N)：钢中的N来自炉料，同时，在冶炼、浇铸时钢液也会从炉气和大气中吸收N。N引起碳钢的淬火时效和形变时效，从而对碳钢的性能产生显著的影响。由于N的时效作用，钢的硬度、强度提高，但是塑性和韧性降低，特别是在形变时效的情况下，塑性和韧性的降低比较显著。对于普通低合金钢来说，时效现象是有害的，因而N是有害元素。但对于一些细晶粒钢以及含V，Nb钢，由于氮化物的细化晶粒作用，N成为有益元素。

1.3 控制轧制与控制冷却

1.3.1 控制轧制

1.3.1.1 控制轧制原理

控制轧制是一种用预定的程序来控制热轧钢的变形温度、压下量、变形道次、变形间隙等的工艺，是一种广泛应用的高温形变热处理。通过控制热轧时的温度、压下量等条件，使其最佳化，从而在最终轧制道次完成时得到与正火相同的微细奥氏体组织的省略热处理的一种轧制技术。以钢的化学成分适当调整或添加微合金元素Nb，V，Ti为基础，在热轧过程中对钢坯加热温度、开轧温度、变形量、终轧温度及轧后冷却各工艺实行最佳合理控制，可细化奥氏体、铁素体等晶粒，通过细晶强化及位错亚结构强化机制，提高钢材力学性能。

1.3.1.2 控制轧制的主要方法

(1)控温轧制(CR)

控温轧制即完全再结晶型的控制轧制的工艺，全部变形要在奥氏体再结晶区进行，终轧温度不低于奥氏体再结晶温度的下限，道次变形量不低于奥氏体再结晶的临界变形量。

控温轧制主要通过在一定温度范围内(奥氏体再结晶区)变形处理，使轧材最终结构组织符合标准要求。其优点是减少脱碳，控制晶粒尺寸，改善钢的组织、性能及控制氧化铁皮的生成量。在棒材终轧过程中采用的变形制度，一般是粗轧时在奥氏体再结晶区轧制，反复变形使再结晶晶粒细化；中轧、预精轧及精轧在950℃以下轧制，处于奥氏体相的未再结晶区，其累计变形量为60%~75%，这样得到存在于大量变形带的奥氏体未再结晶晶粒，使相变以后得到细小的铁素体晶粒。

（2）两阶段控制轧制

两阶段控制轧制是完全再结晶型与未再结晶型配合的轧制工艺，也就是在完全再结晶区进行一定道次的变形，在部分再结晶区进行待温或快速冷却，而在奥氏体未再结晶区继续轧制一定道次，并在未再结晶区结束轧制。在完全再结晶区轧制时，变形温度一般在 1000℃以上，轧后轧件的温度须高于 950℃，确保奥氏体完全再结晶；道次变形量主要由不同温度下的再结晶临界变形量来确定，道次变形量必须大于奥氏体的临界变形量，总变形量为 60%~80%；此阶段主要利用静态再结晶过程来细化晶粒，即轧材经多道次轧制变形和多次再结晶以达到细化奥氏体晶粒的目的。在未再结晶区轧制时，不发生奥氏体再结晶的过程。在奥氏体再结晶区轧制，加大道次变形量，可增多奥氏体晶粒中滑移带和位错密度，且可增大有效晶界面积，为铁素体相变形核创造条件，使韧性提高，脆性转变温度下降。

（3）三阶段控制轧制

三阶段控制轧制是完全再结晶型、未再结晶型及奥氏体与铁素体两相区轧制相配合的轧制工艺。

① 奥氏体再结晶型控制，在奥氏体变形过程中和变形后自发产生奥氏体再结晶的区域轧制，温度在 1000℃以上。奥氏体变形过程中发生动态再结晶，变形后发生静态再结晶，两种再结晶均要求变形量超过其临界变形量。经过多次再结晶可有效细化奥氏体晶粒，随后通过相变得到细小铁素体晶粒。

② 奥氏体未再结晶型控制，根据钢的化学成分，不同奥氏体未再结晶区的温度范围在 950℃ ~A_{r3}，此区间奥氏体不发生再结晶，塑性变形使奥氏体晶粒拉长，奥氏体晶粒内形成变形带，Nb，V，Ti 微量元素的碳氮化物应变诱发沉淀，变形奥氏体晶界是铁素体优先形核的部位，奥氏体晶粒拉长，阻碍铁素体晶粒长大，随变形量加大，变形带数目增加，晶内分布更加均匀。

③ （$\gamma+\alpha$）两相区变形阶段，当轧制温度继续降低到 A_{r3} 以下时，不但奥氏体晶粒被压扁，部分相变后的铁素体晶粒也会发生变形，在铁素体晶粒内部形成大量位错，这些位错在高温时形成亚结构，亚结构使材料强度提高，脆性转变温度降低。

三阶段轧制工艺在具有两阶段轧制工艺特点基础上，使轧材温度达到奥氏体和铁素体（$\gamma+\alpha$）两相区进行轧制，通过位错强化和晶粒细化使轧材强度进一步提高，降低了脆性转变温度。

(4)低温精轧技术

低温精轧技术就是在轧出产品前最后几道次的变形。在热变形过程中，形变硬化和动态软化影响材料的性能，动态再结晶是在变形过程中重要的软化机制之一。

轧件在750~900℃进行低温轧制时，累计变形得到的高密度位错结构将为相变提供更多形核核心，将更有利于得到均匀细晶组织。多道次大变形量低温轧制会导致晶粒尺寸的不均匀，这是由于超过了与应变能累积相关的总应变极限后产生了部分动态再结晶。对一些正火轧制不能改善其性能的钢种，通过此种技术，使轧件从头到尾保持稳定的轧制温度，使产品的组织均匀性及尺寸公差得到保证。

1.3.2 控制冷却

控制冷却即通过控制热轧板材轧后冷却条件来控制奥氏体组织状态、相变条件、碳化物析出行为、相变后的组织和性能。在线控制冷却工艺的一个重要的金属学特征就是对变形了的未再结晶奥氏体或再结晶奥氏体进行控制冷却，进而得到所需的组织和性能。控制冷却作为实现钢铁材料组织细化的重要技术手段，已成为现代轧制生产中必不可缺的工艺技术。根据实际经验，在奥氏体再结晶区对钢材进行控制冷却时，铁素体会发生某种程度的晶粒细化，但效果并不明显。如果在奥氏体未再结晶区对钢材进行控制冷却，则铁素体不仅会在变形后的奥氏体晶界及变形带产生晶核，而且会在奥氏体晶粒内形核，产生明显的晶粒细化效果。该工艺的一个重要优势在于减少了合金元素的添加量，在同等强度条件下，可焊性能提高，同时改善了焊接点的韧性。钢板的在线加速冷却工艺比传统冷却工艺冷却能力更强，对冷却前的奥氏体组织状态控制更加灵活，利用这些优势可以生产更多具有不同力学性能的钢板，对产品性能的控制更加灵活。控制冷却大致包括一次冷却、二次冷却和三次冷却(空冷)三个不同的冷却阶段，其目的和要求不同。

① 一次冷却，是指从终轧温度开始到奥氏体向铁素体开始转变温度或二次碳化物开始析出温度范围内的冷却，其目的是控制热变形后的奥氏体状态，阻止奥氏体晶粒长大以及碳化物析出，固定由于变形而引起的位错。通过加大过冷度，降低相变温度，为相变做组织上的准备。如果一次冷却的开冷温度越接近终轧温度，则细化奥氏体组织及增大有效晶界面积的效果越明显。

② 二次冷却，是指热轧钢材经过一次冷却后，立即进入由奥氏体向铁素体

或碳化物析出的相变阶段的冷却，其目的是通过控制相变过程中的开冷温度、冷却速度和终冷温度等参数，控制相变过程，进而达到控制相变产物形态、结构的目的。

③ 三次冷却，是指钢材经过相变之后直到室温这一温度区间的冷却参数控制。对一般钢材来说，相变后采用空冷时，其冷却速度均匀，会形成铁素体和珠光体组织。此外，固溶在铁素体中的过饱和碳化物在慢冷中不断弥散析出，形成沉淀强化。但对一些微合金化钢来说，在相变完成之后需采用快冷工艺，以此来阻止碳化物的析出，进而保持碳化物的固溶状态，达到固溶强化的目的。

1.4 钢铁材料的强度、塑性和韧性

1.4.1 强度、塑性和韧性

强度是指材料在外力作用下抵抗变形和破坏的能力。根据加载方式不同，强度指标有许多种，如屈服强度、抗拉强度、抗压强度、抗弯强度、抗剪强度、抗扭强度等。其中以拉伸试验测得的屈服强度和抗拉强度两个指标应用最多。

塑性是指在某种给定载荷下，材料产生永久变形的材料特性。当其应力低于比例极限时，应力-应变关系是线性的。塑性材料在断裂前有较大形变，断裂时断面常呈现外延形变，此形变不能立即恢复，其真应力-真应变关系成非线性。塑性好坏可用断后伸长率和断面收缩率表示。

韧性是指材料变形时吸收变形功的能力，即材料在断裂前吸收能量和进行塑性变形的能力。韧性可用冲击吸收功、晶粒韧度和断裂韧度等表示。

1.4.2 钢的强化机制

金属材料多为塑性材料，其塑性变形依靠位错的运动而发生，所以，任何阻止位错运动的因素都可以成为提高金属材料强度的途径。钢的主要强化方式包括固溶强化、细晶强化、位错强化、相变强化、弥散强化等。

1.4.2.1 固溶强化

(1)固溶体

当一种组元A加到另一种组元B中形成的固体，其结构仍保留为组元B的结构时，这种固体称为固溶体。B组元称为溶剂，A组元称为溶质。组元A、B

可以是元素，也可以是化合物。工业上所使用的金属材料，绝大部分是以固溶体为基体的，有的甚至完全由固溶体组成。例如，应用广泛的碳钢和合金钢，均以固溶体为基体，其含量占组织中的绝大部分。因此，固溶体的研究对固溶强化有很重要的实际意义。

(2)固溶体的分类

固溶体分为置换固溶体和间隙固溶体两大类，如图 1.1 所示。

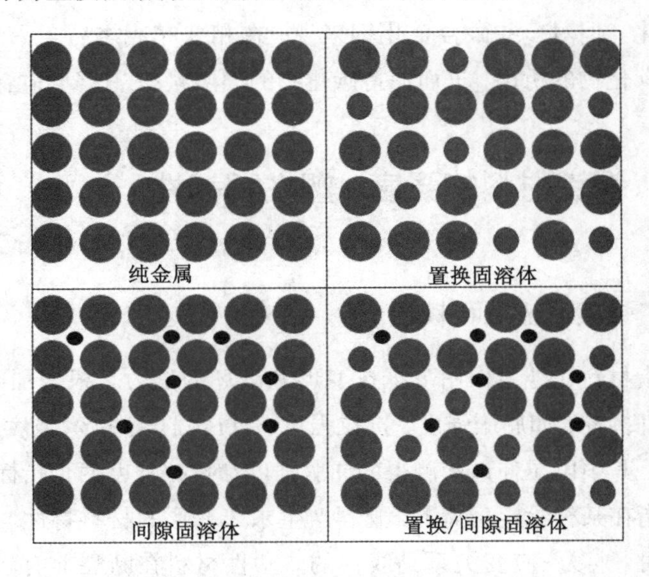

图 1.1　置换固溶体和间隙固溶体示意图

置换固溶体：溶质原子占据溶剂晶格中的结点位置而形成的固溶体称为置换固溶体。当溶剂和溶质原子直径相差不大(一般在 15%以内)时，易于形成置换固溶体。例如，铜镍二元合金会形成置换固溶体，镍原子可在铜晶格的任意位置替代铜原子。金属元素彼此之间一般都能形成置换固溶体，但溶解度视不同元素而异。影响固溶体溶解度的因素很多，主要取决于晶体结构、原子尺寸、化学亲和力(电负性)、原子价等。

间隙固溶体：溶质原子分布于溶剂晶格间隙而形成的固溶体称为间隙固溶体。间隙固溶体的溶剂是直径较大的过渡族金属，而溶质是直径很小的碳、氢等非金属元素。其形成条件是溶质原子与溶剂原子直径之比必须小于 0.59。例如，铁碳合金中，铁和碳所形成的固溶体——铁素体和奥氏体，皆为间隙固溶体。

(3)固溶强化机理

合金元素溶于金属基体，将会造成一定程度的晶格畸变，这就增加了位错运动的阻力，使滑移难以继续进行，从而使合金固溶体的强度与硬度增加。这种通过溶入某种溶质元素来形成固溶体而使金属强化的现象称为固溶强化。在溶质原子含量适当时，可提高材料的强度和硬度，而其韧性和塑性会有所下降。

(4)强化规律

① 溶质元素在溶剂中的饱和溶解度愈小，其固溶强化效果愈好。

② 溶质元素溶解量增加，固溶体的强度也增加。例如：对于无限固溶体，当溶质原子含量占50%时强度最大；而对于有限固溶体，其强度随溶质元素溶解量增加而增大。

③ 形成间隙固溶体的溶质元素(如C，N，B等元素在Fe中)其强化作用大于形成置换固溶体(如Mn，Si，P等元素在Fe中)的溶质元素。但对韧性、塑性的削弱也很显著，而置换固溶强化却基本不削弱基体的韧性和塑性。常用置换元素对α-Fe屈服强度的影响如图1.2所示。

④ 溶质与基体的原子大小差别愈大，强化效果愈显著。

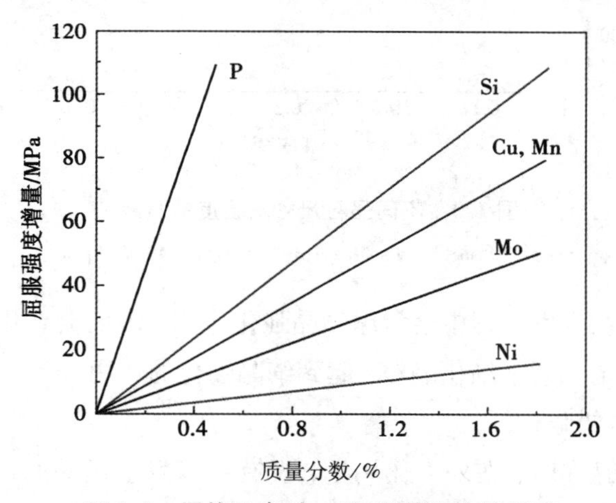

图1.2 置换元素对α-Fe屈服强度的影响

1.4.2.2 细晶强化

细晶强化是指通过细化晶粒，增加晶界面积，加强晶界对位错运动的阻碍作用。位错在晶体中运动时，晶界上的原子排列不规则且存在较多的杂质和缺陷，这就增大了晶界附近的滑移阻力。一方面，位错不易穿过晶界，将会塞积在晶界处，引起强度的增高；另一方面，造成了一侧晶粒中的滑移带不能直接进入第二个晶粒中，这就需要多个滑移系同时开动来满足晶界上形变的协调性，提高了材料的强度。可见，晶界是位错运动的障碍，因而晶粒越细小，单位体积内的晶界数越多，位错运动受到阻碍的地方就越多，多晶体的强度就越高。材料强度与晶粒尺寸之间的关系可以由著名的 Hall-Petch 公式描述[见式(1.1)]。

$$\sigma=\sigma_0+K_y\cdot d^{-1/2} \tag{1.1}$$

式中，σ_0，K_y为与材料有关的常数；d 为晶粒尺寸。

晶柱尺寸对强度的影响如图 1.3 所示。

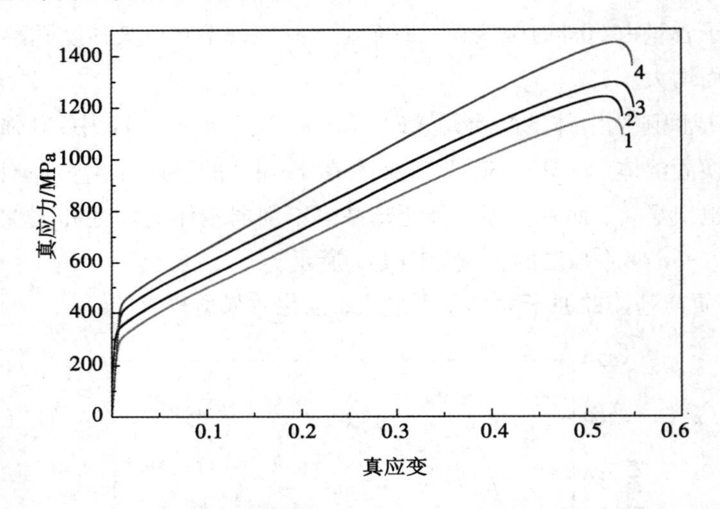

图 1.3　不同晶粒尺寸对强度的贡献

1—d=70μm；2—d=30μm；3—d=10μm；4—d=5μm

先进高强钢在开发过程中会考虑细晶强化作用，因而会在化学成分设计上加入一定量的合金元素来细化晶粒，起到细晶强化的作用。

1.4.2.3　位错强化

完全无位错存在时，在外力作用下，没有可以发生运动的位错，材料表现出极高的强度。例如铜，理论计算的临界切应力约为 1500MPa，而实际测出的仅为 0.98MPa。但制造这种材料非常困难，目前只能在很小尺寸的晶体中实现(晶须)，用于研究型的复合材料中。

在存在位错的晶体材料中，随位错密度的提高，位错运动受交割作用影响加大，材料的强度得到提高。经过冷变形的金属材料，发生了加工硬化，强度可以在相当范围内得到提高(如图 1.4 所示)。

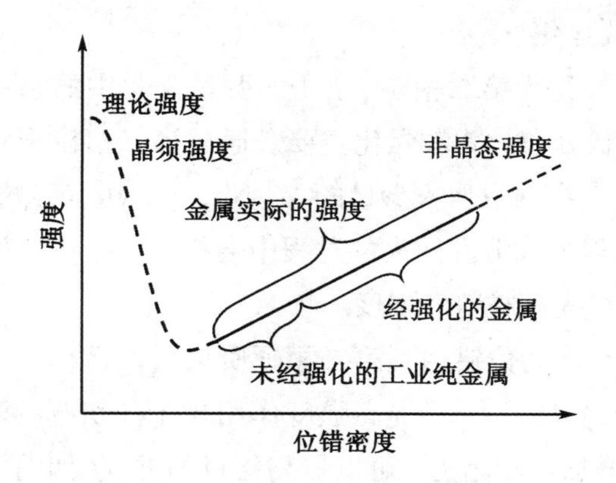

图 1.4　晶体内缺陷或晶格畸变的程度与强度间的关系

1.4.2.4　相变强化

相变强化是一种常见的金属材料的强化方式，主要通过热处理和形变诱发的形式来发生相变反应，使材料由低弹性模量相转化为高弹性模量相，进而提高材料的强度。相变强化在钢铁材料中应用最广泛，一种是通过热处理的方式发生相变得到硬相马氏体/贝氏体等硬相组织；另一种是通过形变诱发的方式(如图 1.5 所示)发生相变，即 QP 钢中相变诱发塑性(TRIP 效应)。

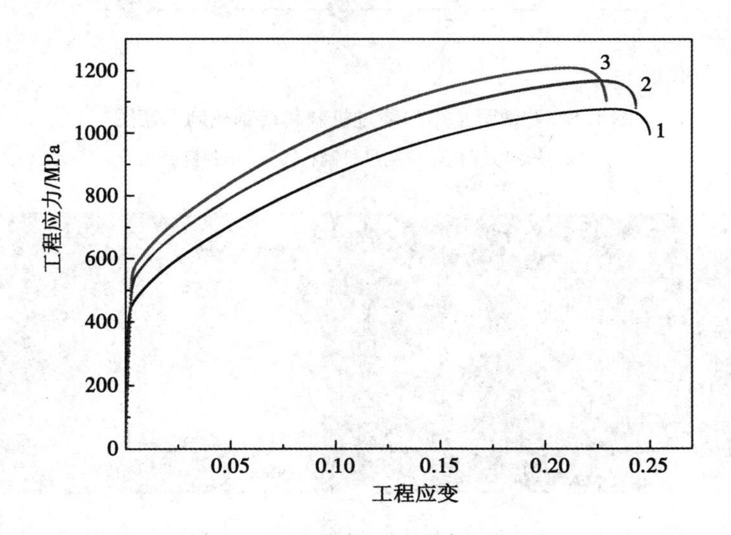

图 1.5　D6AC 钢的马氏体相变强化

1—20%马氏体；2—40%马氏体；3—60%马氏体

1.4.2.5 弥散强化

弥散强化有时被称为第二相粒子强化，弥散强化中的第二相粒子含量一般较少，且多呈弥散状分布。弥散强化主要是通过第二相粒子对位错的阻碍作用来提高材料的强度。在钢中加入少量的 V，Nb，Ti，Mo 等微合金元素，钢由高温到低温的冷却过程中或低温回火的过程中会析出大量细小的微合金碳化物等第二相硬质点，可以提高材料的强度。

在外力作用下，运动位错遇到第二相硬质点时的运动方式有两种：对提高强度有积极作用的绕过机制；对提高强度作用较小的切割/剪切机制（如图 1.6 所示）。二者都会增加运动阻力，可以提高材料的强度（如图 1.7 所示）。

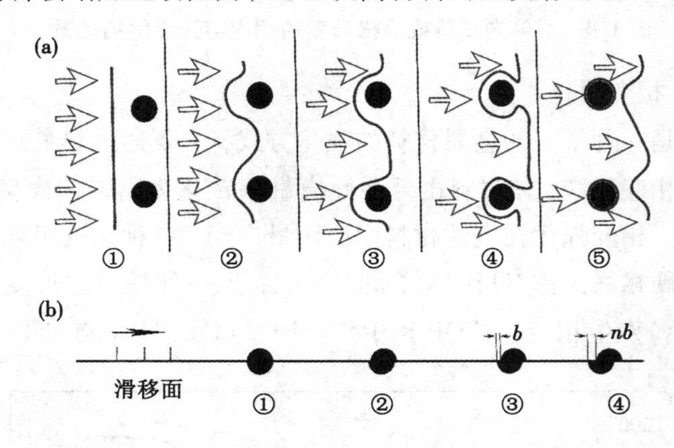

图 1.6 弥散强化中的绕过机制和切割机制示意图

（a）—弥散强化中的绕过机制；（b）—切割机制

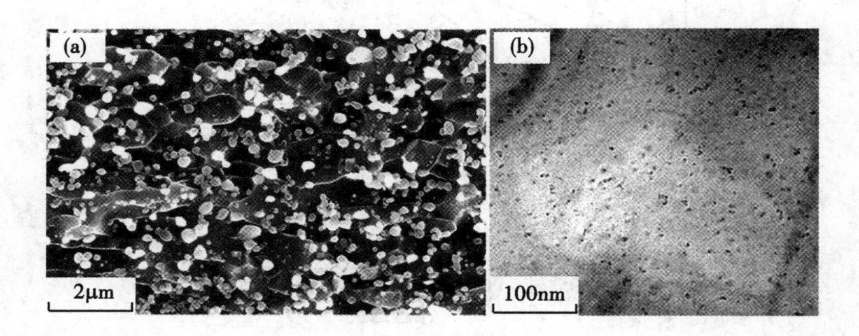

图 1.7 典型的弥散强化组织照片

（a）—中碳低合金钢球化后的渗碳体析出；（b）—Ti 微合金化钢中的 Ti 析出

1.4.3 钢的增塑和韧化机制

1.4.3.1 钢的增塑机制

在实际应用中，钢的增塑机制注重均匀塑性变形的影响因素及作用。增加位错、第二相粒子等的弥散性，或者较多的滑移系及滑移方向都是增塑的有效手段，其中相变诱发塑性、孪晶诱导塑性、位错滑移机制是比较常用的增塑机制。

① 相变诱发塑性(TRIP 效应)，是指变形过程中通过奥氏体向马氏体的转变来增加塑性的现象。拉伸变形过程中，当拉应力达到一定程度时，残余奥氏体发生马氏体相变，变形最大位置处优先诱发马氏体形核，提高了此处的强度，因此继续变形变得更加困难。在外加拉应力不变的条件下，变形将向未发生马氏体相变的其他部位转移，这样就推迟了颈缩的形成。随着应变的不断增加，相变与均匀变形也不断进行着，最终材料表现出良好的塑性。所以，TRIP 效应的实质是相变诱发强化而使缩颈应变均匀分布的现象，这正是 TRIP 效应能够得到高塑性的真正原因。TRIP 钢中残余奥氏体如图 1.8 所示。

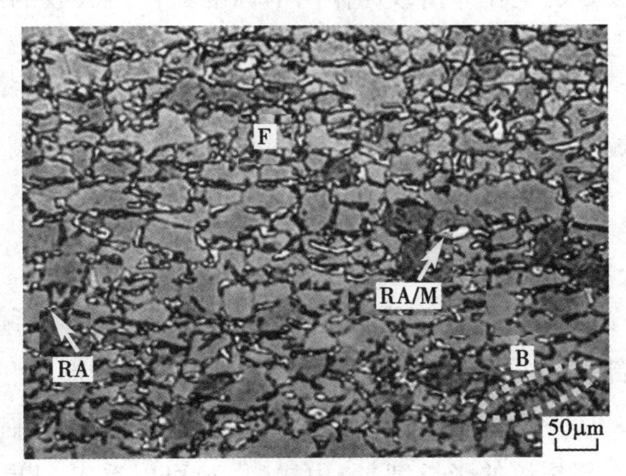

图 1.8 TRIP 钢中的残余奥氏体

TRIP 效应的发挥对 TRIP 钢力学性能起着至关重要的作用，而 TRIP 效应的发挥依赖于残余奥氏体向马氏体转变量的多少，参与相变过程的残余奥氏体越多，则 TRIP 效应越强。

② 孪晶诱导塑性(TWIP 效应)，是指当拉伸变形达到一定程度时，诱发形成大量的形变孪晶，引起材料塑性增加。拉伸变形过程中出现的形变孪晶，一方面阻止了该区滑移的进行并引起位错的塞积，导致变形由高应变区向其他应

变较低区转移，从而推迟了颈缩的形成，极大提高了材料的断后伸长率；另一方面，由于孪晶与奥氏体基体的共格关系而具有高的界面能，不利于裂纹的扩展，提高了塑性。TWIP钢由于是面心结构，滑移系、滑移方向多，并且在变形时高应变区会发生应变诱发孪晶转变，从而提高了钢的塑性，而孪晶又起到细化晶粒的作用，使得基体得以强化。

③ 位错滑移机制，是指通过晶粒细化来增强材料塑性。材料强度的提高大都以牺牲塑性为代价，只有细晶强化不仅提高了材料的强度，而且提高了材料的塑性。这一方面是因为细晶材料中的塑性变形分布比较均匀，位错在滑移过程中不易聚集，因而减少了变形集中而形成微观裂纹的危险，使材料在断裂前能承受更多的整体塑性变形；另一方面，晶界数量越多，裂纹扩展的路径就越曲折，因而裂纹的扩展速度变慢，塑性提高。

1.4.3.2 钢的韧化机制

根据测定方法的不同，可将材料的韧性指标分为静力韧度、冲击吸收功、断裂韧度等。静力韧度是材料拉伸应力-变形量曲线图中包围的面积所表征的能量指标，冲击吸收功是在冲击载荷作用下标准试样所吸收的能量指标，材料抵抗裂纹扩展断裂的韧性指标被称为断裂韧度。

线弹性条件下材料的断裂韧性的理论较为成熟，目前已广泛应用于材料的检测、设计和失效分析。通过裂纹尖端应力场分析方法得到材料的断裂韧度K_{IC}的表达式为：

$$K_{IC}=\sqrt{\pi}\,\sigma_c\sqrt{\alpha_c} \tag{1.2}$$

式中，$\sqrt{\pi}$为无限宽板心部裂纹在平面应变状态下的裂纹形状系数，随着裂纹是表面裂纹还是心部裂纹、裂纹与工件的相对尺寸、裂纹的形状和长宽比的变化，该数值有所变化，但一般为1~2；σ_c为材料的断裂强度；α_c为临界裂纹尺寸(表面裂纹的长度或心部裂纹的半长度)。由式(1.2)可以看出，断裂韧度同时包含了材料的断裂强度和临界裂纹尺寸，当材料内部的最大裂纹尺寸确定时，由式(1.2)和材料的断裂韧度可计算出材料可承受的最大应力；而当外加应力确定时，由式(1.2)和材料的断裂韧度可计算出材料中容许存在的最大裂纹尺寸。材料的断裂韧度越高，在确定裂纹尺寸下材料的断裂强度就越高，或在确定的受力情况下，材料中容许存在的裂纹尺寸越大。因此，断裂韧度是在材料中存在微裂纹的前提下提出的材料抵抗微裂纹扩展断裂的韧性指标。

而根据裂纹扩展过程中消耗的能量分析方法得到的材料的断裂韧度G_{IC}

为：

$$G_{IC}=\frac{(1-\nu^2)\pi\sigma_c^2\alpha_c}{E}=\frac{(1-\nu^2)}{E}K_{IC}{}^2 \tag{1.3}$$

式中，ν 为泊松比；E 为弹性模量。

式(1.3)表明 G_{IC} 正比于 K_{IC}^2，因而对 K_{IC} 的分析同样适用于 G_{IC}。但 G_{IC} 的单位为 MJ/m^2，即单位断裂面积上消耗的能量，故 G_{IC} 是一个更明确的韧性指标。

由 Griffith 脆性断裂理论推导出的平面应变状态下材料的断裂强度 σ_c 为：

$$\sigma_c=\left[\frac{E(2\gamma_s+\gamma_p)}{(1-\nu^2)\pi\alpha_c}\right]^{1/2} \tag{1.4}$$

式中，γ_s 为材料的比表面能；γ_p 为形成单位面积微裂纹所消耗的塑性功。将式(1.4)代入式(1.3)，可得：

$$G_{IC}=2\gamma_s+\gamma_p \tag{1.5}$$

由式(1.5)可知，钢的韧化方法应该从增加比表面能 γ_s 和单位面积微裂纹所消耗的塑性功 γ_p 入手。

1.5 钢铁材料生产新技术

1.5.1 新一代控制轧制和控制冷却技术

1.5.1.1 控制轧制和控制冷却技术概述

控制轧制和控制冷却(TMCP)技术是20世纪钢铁行业最伟大的成就之一，自20世纪50年代至今，TMCP 技术在提高热轧产品综合性能方面起着举足轻重的作用。TMCP 技术示意图如图1.9所示。所谓控制轧制，就是对奥氏体冶金状态的控制，终极目标是最大化单位体积内奥氏体的界面面积。控制轧制强调“低温大压下”，获得硬化奥氏体，增加奥氏体晶界面积、形变带、位错和高能非共格孪晶界等缺陷，进而提高相变形核率，细化铁素体晶粒。为了进一步提高热轧钢材性能，在控制轧制基础上，又开发了控制冷却技术。控制冷却的核心思想是控制硬化奥氏体的相变行为，通过进一步提高相变驱动力而细化铁素体晶粒，同时实现对贝氏体等硬相的控制，进一步改善钢材的性能。

国外控制冷却设备发展很早，20世纪60年代第一套层流冷却系统应用于

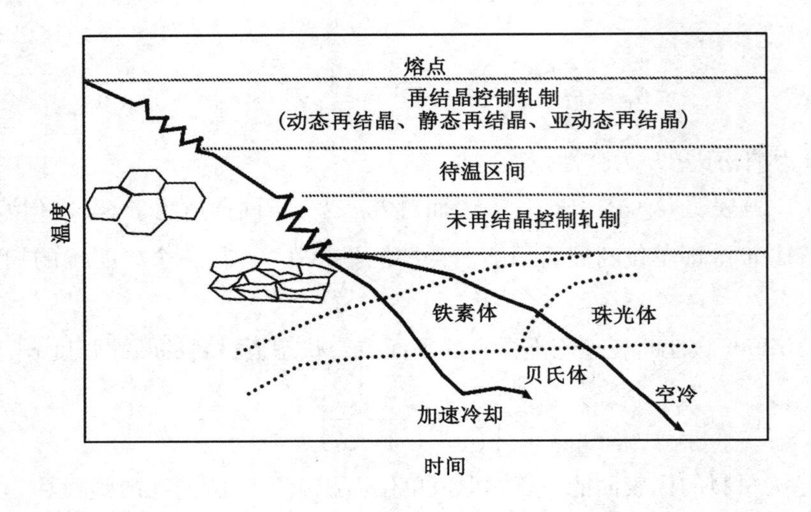

图 1.9　TMCP 技术示意图

英国布林斯奥思 432mm 窄带钢热轧产线，以后几乎每套热带钢轧机输出辊道上都装有冷却系统，其应用仅限于厚度为 16mm 以下的板带。20 世纪 70 年代，国内开始应用热轧带钢的控制冷却技术。武钢引进的 1700mm 热带产线轧后采用上部柱状层流冷却和下部喷水冷却的控冷技术。20 世纪 80 年代鞍钢半连续轧钢厂采用了水幕冷却系统。宝钢 2050mm 和 1580mm 热带钢轧机采用的均为层流冷却系统。

1.5.1.2　控制轧制和控制冷却技术的局限性

为提高钢铁材料的强韧性，通常会采用“低温大压下”工艺。低温变形保证未再结晶区轧制，防止硬化奥氏体的软化，“大压下”最大限度地硬化奥氏体，但会带来较多的板形问题，增大轧机负荷，容易发生轧卡和断辊等事故，同时“低温大压下”很大程度上受到设备能力的限制，而轧制设备能力的提高将花费大量的人力、物力、财力。添加微合金元素可以提高奥氏体的未再结晶温度，使奥氏体在较高温度即处于未再结晶区，便于采用常规轧制温度实现奥氏体的硬化，但使成本大大增加。另外，“低温大压下”容易导致微合金元素在奥氏体区的非平衡应变诱导析出，大大降低了其在铁素体中的析出能力，使得沉淀强化效果大大降低。轧制过程待温，一方面降低轧制节奏，使得生产效率降低；另一方面，由于此时温度较高，再结晶奥氏体不可避免地要发生长大，弱化再结晶控制轧制效果。加速冷却，在一定程度上可以控制硬化奥氏体的相变，细化组织，但对某些特殊要求的钢种，如马氏体钢、贝氏体钢、双相钢、复相钢等，其冷却能力有限。为了得到低温相变组织，往往需要添加 Mo，Ni，Cr 和 Mn 等提高淬透性的元素以降低临界冷却速度，使得成本大大增加。

1.5.1.3 新一代控制轧制和控制冷却技术

考虑到传统 TMCP 技术的局限性，在 TMCP 技术的基础上逐渐发展出了新一代 TMCP 技术，其核心思想：一是在奥氏体区相对较高的温度进行连续大变形，得到硬化的奥氏体；二是轧后进行超快速冷却，迅速穿过奥氏体相区，保留奥氏体的硬化状态；三是冷却到动态相变点停止冷却；四是后续控制冷却路径，得到不同的组织。工艺路线如图 1.10 所示。

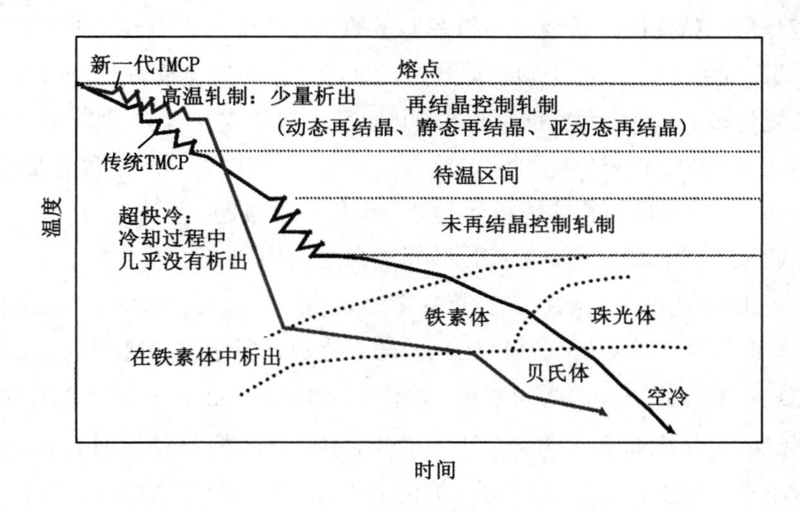

图 1.10 新一代 TMCP 与传统 TMCP 工艺对比

新一代 TMCP 技术采用相对较高的轧制温度，一方面，降低轧机负荷，大幅度降低投资成本，同时有利于实现板形的控制；另一方面，应变诱导析出不发生或少发生，大大提高了基体中微合金元素的固溶量。轧后超快速冷却具有 3 种有效作用。其一，在奥氏体区进行超快速冷却，可抑制动态再结晶/亚动态再结晶晶粒的长大或抑制奥氏体的静态再结晶软化，进而在相变前获得细小的奥氏体晶粒，增加相变形核位置，同时可以有效地降低相变温度，增加相变驱动力，提高形核率，有利于获得细小的铁素体晶粒。虽然新一代 TMCP 在较高温度条件下进行轧制，但在变形后极短的时间内，动态再结晶/亚动态再结晶晶粒来不及长大或静态再结晶来不及发生，仍然保持着较高的缺陷，如果对其实施超快速冷却，便可将这种高能状态的奥氏体保留至相变温度，仍然可以达到细晶强化效果。其二，新一代 TMCP 条件下，轧后采用超快速冷却可使微合金元素在奥氏体中不析出或少析出，使析出发生在相变过程中或相变后，而微合金碳氮化物在铁素体中的平衡固溶度积小于其在奥氏体中的平衡固溶度积，再加上温度较低，大大提高了析出的驱动力，使得形核率大幅提高，获得大量纳米级析出粒子，提高了析出强化效果。其三，轧后超快速冷却可抑制高温铁素体相变，促进中温或低温相变，实现钢材的相变强化。

1.5.2 表面氧化铁皮控制技术

随着我国制造业转型升级、环境标准日益严苛，钢材表面质量已成为和力学性能与尺寸精度同样重要的衡量其质量的核心指标。不但要精准控制热轧材表面质量，而且技术手段必须环境友好。因此，表面氧化铁皮控制技术是影响我国热轧材核心竞争力的共性问题，也是我国战略支柱性产业转型发展的基础。热轧过程中，钢材氧化贯穿始终并受到合金元素及工艺参数的交互影响，实现结构、厚度、均匀性的精准控制是一个世界性难题。

热轧板带材表面氧化铁皮控制技术的典型应用如下。

① 表面红色铁皮缺陷控制。热轧带钢表面红色铁皮(Fe_2O_3)不仅影响产品的外观，而且经常伴随出现铁皮压入缺陷，特别是对于供冷轧料而言，表面红色铁皮意味着热轧板酸洗时间增长、酸洗效率降低。由于 Si 的扩散能力较强，在加热过程中与表面氧化铁皮形成 Fe_2SiO_4(尖晶石)将 FeO 层钉扎住，造成后续除鳞不净，继续氧化生成 Fe_2O_3，同时，轧制工艺不合理造成 FeO 层破碎继续氧化产生红色铁皮。因此，通过优化钢中 Si 含量，合理制定加热工艺，在现场允许的条件下加快钢坯出加热炉后的行进速度，保证除鳞温度高于 Fe_2SiO_4 的凝固温度。除鳞和热轧工艺制度有效地消除了带钢表面形成红色铁皮，提高了热轧产品的表面质量(如图 1.11 所示)。

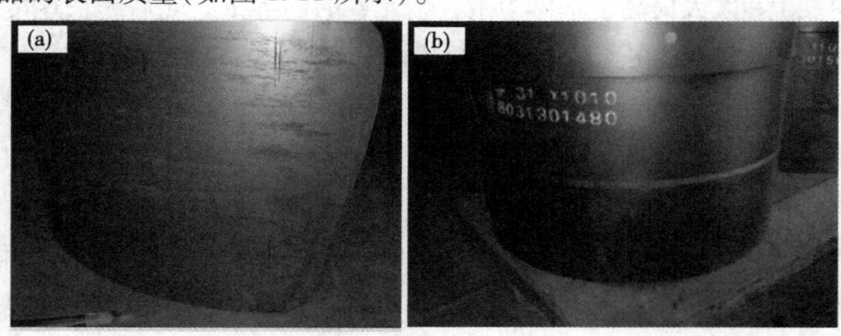

图 1.11　工艺改进前后钢板表面质量对比

(a)—传统工艺；(b)—工艺改进后

② 免酸洗钢表面氧化铁皮控制。免酸洗钢的开发原理是通过优化热轧钢板表面氧化铁皮的厚度和结构，形成以 Fe_3O_4 为主的黑色氧化铁皮，该类型的氧化铁皮与基体间具有较强的结合力，能承受一定的变形且不发生脱落，钢板可以不经过酸洗工序直接使用(如图 1.12 所示)。焊接后要求焊缝性能与外观形貌和酸洗或者抛丸工艺无明显差异。涂装后要求漆膜附着力、耐盐雾腐蚀性能与酸洗或抛丸钢材相当。该技术的优势是无须去除热轧产生的氧化铁皮，生产出的热轧产品可直接使用，从而省去酸洗工艺，明显降低废酸排放，减少环境污染。相比于传统的酸洗技术，这项技术利用工艺上的创新，不需要额外增加成本。

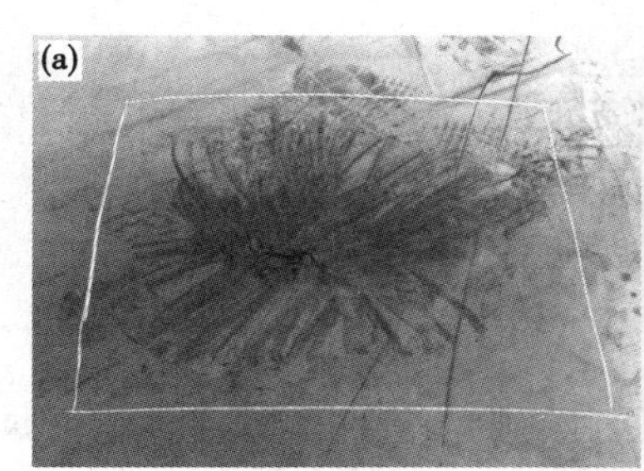

图 1.12 免酸洗钢表面状态对比

(a)—传统工艺；(b)—工艺改进后

1.5.3 短流程生产技术

1.5.3.1 薄板坯连铸连轧技术

薄板坯连铸连轧技术是新工艺与成熟工艺集成的产物，主要指连铸成坯以后，充分利用铸坯余热，不经再加热或高温热装稍经均热而立即进入轧机直接轧制成材的新工艺新技术。主要由两部分组成，薄板坯连铸技术与热连轧技术，连接这两部分的是加热炉。将原来意义上的炼钢厂和热轧厂紧凑地压缩，有效地组合在一起。薄板坯连铸技术属于常规连铸与热连轧功能集成新工艺。热连轧技术是成熟的广泛应用的工艺，连接这两部分的加热炉可有多种选择，均属于成熟工艺。

有众多公司和研究单位在薄板坯连铸连轧技术上取得成功，根据各自工艺路线和装备特点，薄板坯连铸连轧也分为多种，有 CSP，ISP，CONROLL，FTSR，QSP，TSP 等。其中最典型的就是 CSP 连铸连轧线，CSP 技术是由德国施罗曼西马克公司开发成功的，其工艺过程如图 1.13 所示：采用立弯式连铸机生产厚 50~90mm 的铸坯，板坯从连铸机拉出，经分段剪切后，送入辊底式均热炉(120~292m)进行加热保温。薄板坯经加热炉入口段、加热段和均热段加速至20~30m/min进入轧制工序。板坯经由高压水除鳞后，通过精轧机组将厚50~90mm的铸坯轧制成0.8~12.7mm的热轧带材，经层流冷却后卷取。

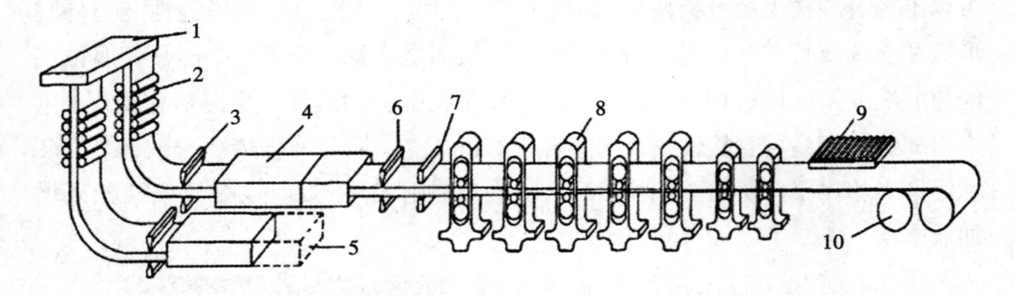

图1.13　CSP工艺布置示意图

1—连铸机；2—液芯压下；3—切断剪；4—均热炉；5—均热炉摆动段；6—除鳞机；7—飞剪；8—精轧机；9—层流冷却；10—卷取机

1.5.3.2　无头轧制技术

热轧板带技术和设备的进步，使得通过热轧工艺生产薄规格和超薄规格热轧板带成为可能。薄规格带钢的"以热代冷"，省去了冷轧和热处理生产工序，不仅节约了生产成本，而且极大地提前了交货时间。在此基础上发展出来的ESP工艺是一个稳恒(恒速、恒温、恒张力)的生产工艺，可以稳定生产过去热轧工艺几乎不可能生产的薄宽板和超薄规格钢板，常规流程最薄轧制到1.2mm，最宽到1250mm。而采用ESP工艺使厚1.2mm的带钢可轧到1600mm宽；板宽1250mm以下的可轧到0.8mm厚。ESP工艺的恒张力轧制可以显著提高板厚精度，超薄带钢的厚度精度可达到±30μm。稳恒的生产工艺保证了薄带钢组织和力学性能的均匀性。此外，ESP工艺在节能、减排，提高成材率和生产效率等方面也具有显著的优势。因此，ESP工艺是实现薄带钢"以热代冷"的最佳选择。

ESP产线布置如图1.14所示。铸坯经过大压下轧机轧制成无头中间坯，通过带保温罩的辊道运送至感应加热炉，感应加热炉以高效、准确、动态在线和灵活的方式将无头中间坯加热至要求的约1200℃。感应加热炉后设置有夹送辊除鳞箱。无头中间坯经过除鳞后进入精轧机组，轧制成目标厚度的带钢。带钢经过输出辊道和层流冷却后得到理想的微观组织结构。在输出辊道的末端、卷取机之前，高速飞剪将无头带钢进行分卷，然后在地下卷取机上进行卷取。

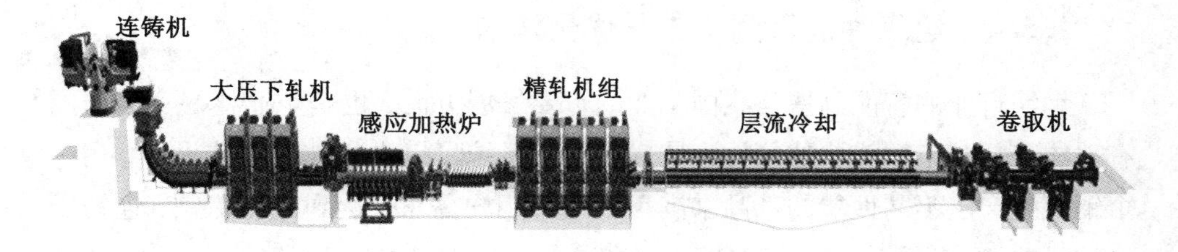

图 1.14　ESP 产线布置示意图

1.5.3.3　薄带连铸技术

薄带连铸是比薄板坯连铸更先进的技术，有望给钢铁工业带来革命性的变化。如图 1.15 所示，薄带连铸是以两个反向旋转的冷却辊为结晶器，用液态金属直接生产薄带材的技术，具有亚快速凝固和短流程的特点。

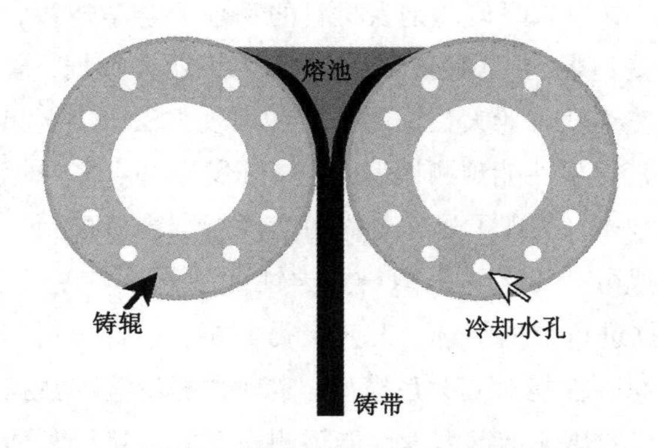

图 1.15　双辊薄带连铸工艺示意图

由于具有亚快速凝固的特性，薄带连铸具有更强的固溶能力，有可能在钢中固溶比传统生产流程更多的抑制剂形成元素。在采用合理工艺的条件下，有望得到更多的抑制剂粒子，提高抑制力，为开发具有更高磁感，甚至极薄规格的取向硅钢产品提供可能，也有利于丰富取向硅钢的制备理论。薄带连铸流程中，冶炼和浇铸工序都较之传统生产流程更加紧凑。利用薄带连铸技术，可以获得厚度仅为 1~5mm 的薄带坯，因此可将多道次热轧减少至 1~2 道次，大大缩短生产流程，减少设备投资。此外，薄带连铸的拉速较高，可达 30~90m/min，在合理控制铸后冷却的情况下，有可能实现在线热轧，进一步缩短生产流程。

1.5.4 组织性能预测与工艺优化技术

钢铁行业的智能制造是我国工业的重要发展方向，也是企业核心竞争力的有效体现。基于智能化的热轧工艺优化设计系统可以进行轧制工艺设计，用一个钢种生产出不同性能的产品来满足不同的用户需求，达到简化炼钢、连铸工艺的目的；可以最大限度地发挥热轧和冷却过程对轧件性能的控制作用，在轧制、冷却及热处理环节实现敏捷制造；可以辅助知识自动化技术对工艺进行反向工程设计，实现工艺参数的实时调整和产品质量的窄窗口控制，降低产品不合格率。

由于工业数据具有多维度、不平衡及波动大等特点，基于人工智能方法的热轧产品组织性能预测技术严重依赖于原始数据，因过度追求预测精度而往往产生过拟合现象，导致有时偏离钢铁材料的物理冶金学规律，热轧工艺的逆向优化结果可信度受到影响。如何合理有效利用工业大数据，成为性能预测与工艺优化的瓶颈。热连轧工业大数据的分析和处理方法，建立起基于大数据分析与优化的热轧板带力学性能预测模型，通过开发出基于多目标粒子群算法的热轧工艺快速设计技术，实现了热轧产品力学性能窄窗口控制。基于工业生产大数据，建立化学成分—工艺—组织—力学性能数据库。基于多维数据挖掘技术，对工业大数据进行数据筛选、工艺聚类分析、逻辑分析等处理，建立化学成分—工艺—组织—性能对应关系模型，实现数据清洗和数据均衡化。开发适用于离散、非连续的热轧带钢力学性能预测模型的多目标智能优化算法。依据用户的个性化性能需求设定多目标优化函数，考虑合理的工艺约束条件，建立钢铁智能化轧制工艺快速设计方法。通过知识自动化，实现热轧工艺快速优化设计，指导钢种开发，实现升降级轧制和产品性能稳定性控制。基于工业生产大数据，分析化学成分对产品力学性能的影响权重和热轧产品力学性能控制余量，建立多因素影响下钢种成分归并的技术指导方法。指导钢种开发，缩短钢种开发周期，减少力学性能波动。基于已开发的技术，开发出热轧工艺快速设计软件系统如图 1.16 所示，该系统可以实现数据查询和筛选，并根据用户需求，实现相应的数据处理。根据已选择的数据建立力学性能预测模型，实现生产数据的批量预测。基于已建立的力学性能预测模型，根据用户个性化需求，设定约束条件，计算最优轧制工艺，最终可设计出最优工艺窗口供用户选择最合适的轧制工艺。

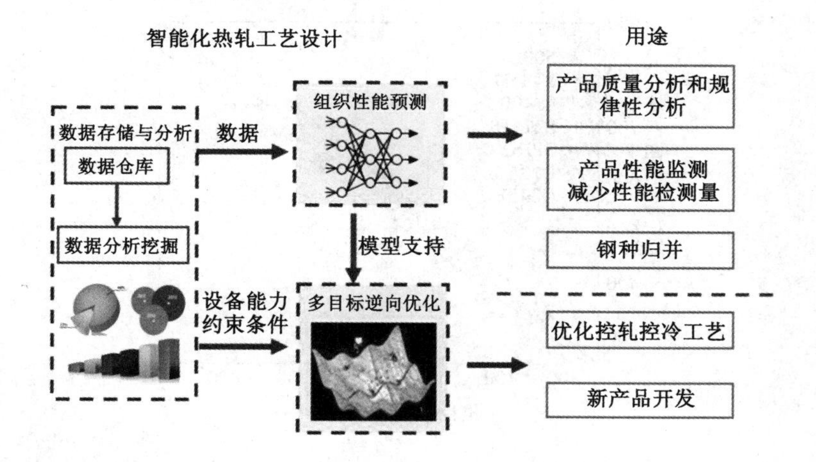

图 1.16　智能化热轧工艺快速设计系统

采用此项技术，针对典型钢种，在某钢厂 2150 热轧生产线实现了高精度的力学性能在线预测，预测值与实测值的对比如图 1.17 所示，其中，屈服强度预测相对误差在±8%，抗拉强度预测相对误差在±6%，断后伸长率绝对误差在±6%，实现了部分热轧产品的免取样检测交货，大幅减少性能检测实验量，缩短了产品的交货周期。

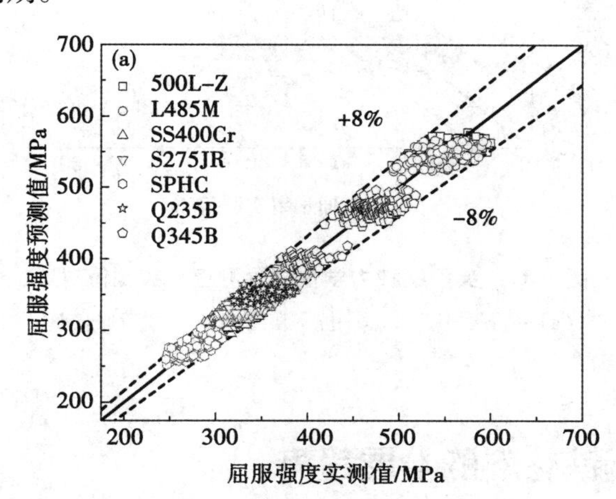

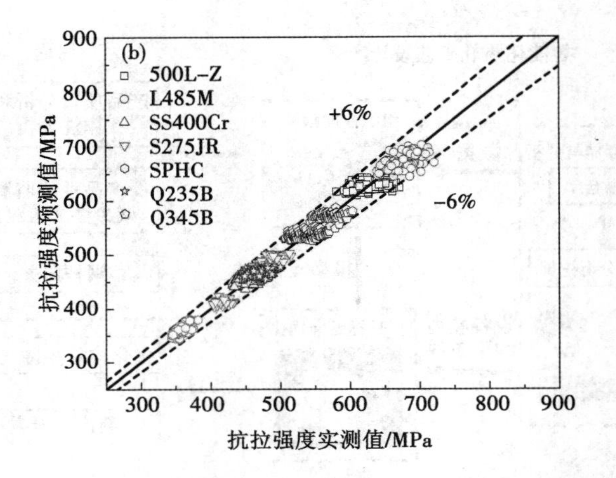

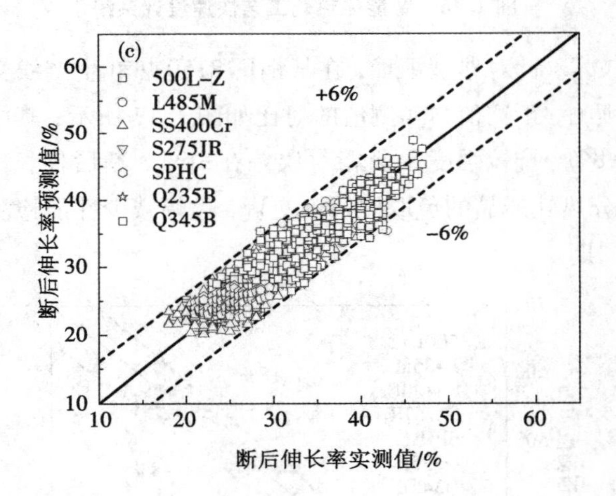

图 1.17　典型钢种力学性能预测值与实测值对比

(a)—屈服强度；(b)—抗拉强度；(c)—断后伸长率

1.6　钢铁材料的发展趋势

随着科学技术和经济的飞速发展，人类社会进入了一个前所未有的新时期。社会的发展对古老的钢铁材料提出了越来越多的极其严格的要求，钢铁材料面临来自各方面要求提高其自身性能的强大压力。人们期望利用最少的资源和最低的成本生产具有高级别力学性能和各种优异使用性能的、容易回收利用的先进钢铁材料，以支撑社会实现可持续发展。钢铁材料制备技术的发展方向主要有以下几个方面。

① 钢铁制造流程高效、绿色、可循环。

钢铁制造流程逐渐向短流程（CSP、ESP、薄带铸轧等）的方向发展，直接轧制、无头轧制、“以热代冷”等技术也成为近年来科技工作者研发的热点。所开发的免酸洗技术在缩短制造流程、减少环境污染的同时也降低了成本。欧盟投入巨资开展的低碳技术研究，内容包括提高能源使用效率、增加可再生能源所占比例、低碳发电、温室气体减排技术等；日本实施了环境和谐型炼铁工艺技术项目，主要开展减少高炉二氧化碳排放量和从高炉煤气中分离、回收二氧化碳的技术开发；美国主要通过提高能源效率实现二氧化碳减排，正在进行的研究包括利用熔融氧化物电解方式分离铁，利用氢或其他燃料炼铁。

② 钢铁材料高性能、低成本、高质量。

为提高钢铁工业的竞争力，国内外钢铁企业都通过冶金成分设计和工艺创新开发研究高技术含量、高附加值、低成本产品。如第三代先进超高强度钢，以锰代镍或节镍型的超低温容器用钢、优质碳素结构钢、合金工具钢、弹簧钢、轴承钢、高速工具钢、耐热钢、不锈钢、高温合金以及适应不同应用要求的复合材料等一系列钢材产品的进一步开发应用。成型方式和工艺装备的进步也将推动钢铁材料的发展，薄带连铸技术的发展，在降低工序成本、提高产品性能方面体现出巨大的优势；轧后超快速冷却技术的应用，充分发挥了新一代TMCP的优势，实现了钢材的低成本、高品质生产。因此，未来钢铁材料的研究，在充分考虑材料本身的同时更加强调应用技术和应用环境与应用条件的协同发展。

③ 钢铁工业的智能化发展将以信息物理系统（CPS）为基础架构。

信息物理系统是深度融合智能感知、计算、通信和控制技术，构建物理空间与信息空间中人、机、物、环境、信息等要素相互映射、实时交互、高效协同、闭环赋能的复杂系统，是实现钢铁工业智能化的关键技术。CPS的本质就是构建一套信息空间与物理空间之间基于数据自动流动的状态感知、实时分析、科学决策、精准执行的闭环赋能体系，解决生产制造、应用服务过程中的复杂性和不确定性问题，提高资源配置效率，实现资源优化。CPS强调全流程数据的应用，突出了横向集成的概念。从铁前、炼铁、炼钢、连铸、热轧、冷轧等多个生产工序出发，分别构建相应的CPS作为钢铁行业智能制造的基本单元，提高全流程产品质量。

此外，“无人化”车间的建立，无线传感器网络、物联网、云技术等的开发和应用也将是钢铁工业技术发展的重点。

参考文献

[1] 冯梅,陈鹏.中国钢铁产业产能过剩程度的量化分析与预警[J].中国软科学,2013(5):110-116.

[2] 徐君,任腾飞.供给侧结构性改革驱动钢铁产业转型升级的效应和路径研究[J].资源开发与市场,2017,33(5):579-583.

[3] 陈俊.控轧控冷中微合金钢组织性能调控基本规律研究[D].沈阳:东北大学,2013.

[4] 小指军夫.控制轧制控制冷却:改善材质的轧制技术发展[M].李伏桃,陈岿,译.北京:冶金工业出版社,2002.

[5] 翁宇庆.超细晶钢:钢的组织细化理论与控制技术[M].北京:冶金工业出版社,2003.

[6] 齐俊杰,黄运华,张跃.微合金化钢[M].北京:冶金工业出版社,2006.

[7] 陆匠心.700MPa 级高强度微合金钢生产技术研究[D].沈阳:东北大学,2004.

[8] Bodnar R L, Hansen S S. Effect of austenite grain size and cooling rate on widmanstätten ferrite formation in low-alloy steels[J].Metallurgical and materials transactions A,1994,25:665-675.

[9] 王有铭,李曼云,韦光.钢材的控制轧制和控制冷却[M].北京:冶金工业版社,2010.

[10] 李智.低碳贝氏体型非调质钢的控轧控冷[D].沈阳:东北大学,2000.

[11] 王国栋.新一代控制轧制和控制冷却技术与创新的热轧过程[J].东北大学学报(自然科学版),2009,30(7):913-922.

[12] 孙彬.热轧低碳钢氧化铁皮控制技术的研究与应用[D].沈阳:东北大学,2011.

[13] 韩斌,刘振宇,杨奕,等.轧制过程表面氧化层控制技术的研发应用[J].轧钢,2016(33):49-55.

[14] 余伟,王俊,刘涛.热轧钢材氧化及表面质量控制技术的发展及应用[J].

轧钢,2017(34):1-6.

[15] 陈明杰,刘胜.改进自适应遗传算法在函数优化中的应用研究[J].哈尔滨工程大学学报,2007(8):875-879.

[16] 孙铁军.带钢卷取温度高精度预报及多目标优化控制策略研究[D].北京:北京科技大学,2016.

[17] 吴思炜.基于工业大数据的热轧带钢组织性能预测与优化技术研究[D].沈阳:东北大学,2018.

[18] Herman J C.Impact of new rolling and cooling technologies on thermomechanically processed steels[J].Ironmaking and steelmaking,2013,28(2):159-163.

[19] Walfgang Bleck,Andreas Frehn,Joachim Ohlert.铌在双相钢和TRIP钢中的应用[M]//中信微合金化技术中心.铌·科学与技术.北京:冶金工业出版社,2003:456-472.

[20] 王国栋,刘相华,朱伏先,等.新一代钢铁材料的研究开发现状和发展趋势[J].鞍钢技术,2005(4):1-8.

第 2 章　钢材加热过程对奥氏体组织演变的影响

在热轧前，需要将钢坯加热至临界温度以上，保温一定时间，获得全部的奥氏体组织。钢坯加热的主要目的：首先，提高钢的塑性，降低变形抗力，使钢材容易发生变形，提高轧机生产率和作业率；其次，加热过程能够改善钢坯内部的组织，通过高温加热的扩散作用，钢坯内部不均匀的组织和非金属夹杂物趋于均匀化。

在钢坯加热过程中，加热制度选择是否合理，直接影响钢的原始奥氏体晶粒尺寸和钢中微合金元素的固溶情况，最终影响钢的显微组织和性能，其中奥氏体化温度和保温时间是加热制度中的主要控制参数。一方面，若加热温度过高，保温时间过长，奥氏体晶粒将过分粗大，最终得到的室温组织也将粗大，不利于材料性能的提高，并且过长的保温时间会增加能耗和成本；另一方面，若加热温度过低，保温时间过短，将导致奥氏体晶粒尺寸分布不均，易产生混晶现象，并且钢材中的微合金元素不能充分固溶，从而将不能充分发挥微合金元素的析出强化作用。因此，在设计生产工艺时，既要控制奥氏体晶粒尺寸，以免其过分长大而影响最终组织，又要保证微合金元素充分溶解以发挥作用。本章以 X100 高钢级管线钢为例，介绍加热温度和保温时间对奥氏体组织的影响，以及加热温度对第二相粒子的影响。

2.1　钢材加热温度对奥氏体组织的影响

在钢坯升温的过程中，形核后的奥氏体晶粒不断长大，引起系统自由能降低，这是一个自发的过程，同时是一个奥氏体晶界迁移的过程。随着原子在晶界附近的不断扩散，奥氏体晶粒逐渐长大。当加热温度升高时，原子扩散速度增大，晶界迁移速度加快，容易形成大晶粒；同时，加热温度与钢中合金元素的固溶量息息相关，对于添加微合金元素的合金钢而言，Nb，Ti，V 等元素可以与C，N等形成碳氮化物（称为第二相粒子），加热温度升高时，第二相粒子大量固溶，对晶界的钉扎作用减弱，晶界迁移速度加快，奥氏体晶粒尺寸变大。

在工业生产中，为了得到组织性能优异的热轧钢材，需要对开轧前的加热温度进行严格控制，尤其是微合金钢。加热温度的高低直接影响奥氏体组织，最终影响钢材的室温组织和性能。图2.1给出了X100管线钢在不同加热温度下的奥氏体组织。低的加热温度得到的原始奥氏体晶粒较为细小，新生奥氏体晶粒在多个晶粒交界处形核长大，晶粒分布不均匀。同时可以观察到多数晶界较为弯曲，这是由于加热温度低，组织中存在未溶的第二相粒子，对晶界运动具有钉扎作用，阻碍了原始奥氏体晶粒长大，导致同一晶界各处的迁移速率不同，形成不规则晶界，如图2.1（a）所示。在高的加热温度下，细小的奥氏体晶粒长大，整体组织粗化，晶界逐渐变得平整，如图2.1（b）所示。当加热温度过高时，奥氏体晶粒显著长大，整体组织十分粗大，晶界变得平直，相邻夹角基本成120°，整体组织变得更加均匀，如图2.1（c）所示。

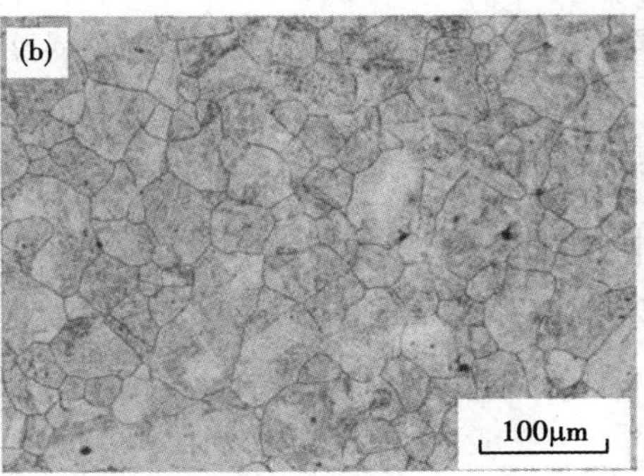

图2.1　X100管线钢在不同加热温度下奥氏体组织

保温时间6min：（a）—1150℃；（b）—1200℃；（c）—1250℃

在奥氏体晶粒的加热长大过程中，高的加热温度所得原始奥氏体晶粒尺寸较大，主要有两方面的原因：一方面，随着加热温度升高，原子扩散能力增加，促进了晶界的迁移，导致大晶粒晶界外移，小晶粒晶界内凹，即大晶粒吞噬小晶粒，不断长大；另一方面，随着加热温度的升高，第二相粒子不断溶解，对晶界的钉扎作用减小，因此挣脱束缚的晶界快速迁移，奥氏体晶粒不断长大，最终得到晶粒尺寸较大的奥氏体组织。

适当升高加热温度，更容易获得均匀的奥氏体组织，这主要与钢中未溶的第二相粒子有关。钢中未溶的第二相粒子常存在于晶界附近，其对晶界具有钉扎作用，阻碍晶界的运动，可限制奥氏体晶粒的长大。由于各晶界上第二相粒子的数量和类型不同，在某一温度下，开始溶解的时间也有所不同，当某一类粒子开始溶解时，就会出现一部分晶界没有受到阻碍而快速移动，造成部分晶粒异常长大，特别是在低温下，容易出现混晶现象，整体组织十分不均匀。随着加热温度不断升高，第二相粒子大量溶解，各个晶界上的受阻情况也趋于相同，奥氏体晶粒均匀长大，直至晶界互相接触，最终奥氏体组织变得更加均匀。

当保温时间一定时，奥氏体平均晶粒尺寸随加热温度的变化情况如图 2.2 所示，随着加热温度升高，平均晶粒尺寸逐渐增大。在低温加热阶段，奥氏体平均晶粒尺寸增加较快，当加热温度大于 1200℃时，奥氏体晶粒长大速率变缓，这与晶界迁移率和晶粒长大驱动力有关。

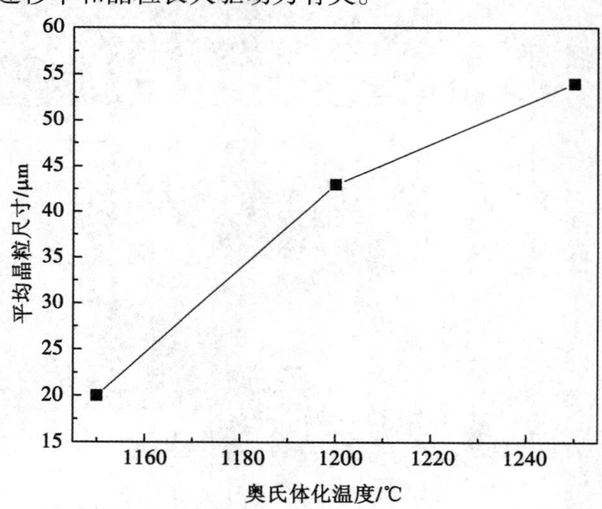

图 2.2　加热温度对奥氏体平均晶粒尺寸的影响

保温时间 6min

研究结果表明，奥氏体晶粒长大的速率与晶界迁移率及晶粒长大的驱动力的乘积成正比，可用式(2.1)表示：

$$v = k e^{-\frac{Q_m}{RT}} \cdot \frac{\sigma}{d} \tag{2.1}$$

式中，k，R 为常数；Q_m 为晶界移动的激活能；T 为温度；d 为奥氏体晶粒的平均直径；σ 为晶界的界面能。

由式(2.1)可知，晶粒的长大速率与加热温度成指数关系，随着温度的升高，晶界迁移率变大，此时奥氏体晶粒长大较快。随着奥氏体平均晶粒尺寸的增加，晶界迁移速率又逐渐趋于稳定。因此，当温度升高，奥氏体晶粒的平均直径达到一定程度时，晶界的迁移率会逐渐平稳，奥氏体晶粒的长大会趋于平缓。

2.2　钢材保温时间对奥氏体组织的影响

在对钢坯进行加热的过程中，除了加热温度外，在某一温度下的保温时间也是影响奥氏体晶粒尺寸的关键因素。从节能的角度考虑，应缩短保温时间；从微合金元素固溶的角度考虑，应延长保温时间，以保证钢中添加的微合金元素充分固溶。因此在设计加热工艺时，不仅需要控制加热温度，同时需要对加热保温时间进行控制。图 2.3 给出了该实验钢加热至 1200℃，保温不同时间后所得奥氏体金相组织。

短时间保温所得原始奥氏体晶粒尺寸较细小，且晶界弯曲，此时第二相粒子未能完全固溶，未溶碳化物钉扎奥氏体晶界，阻碍了奥氏体长大，如图 2.3(a)所示。随着保温时间的延长，奥氏体晶粒逐渐长大，大晶粒吞噬小晶粒，晶

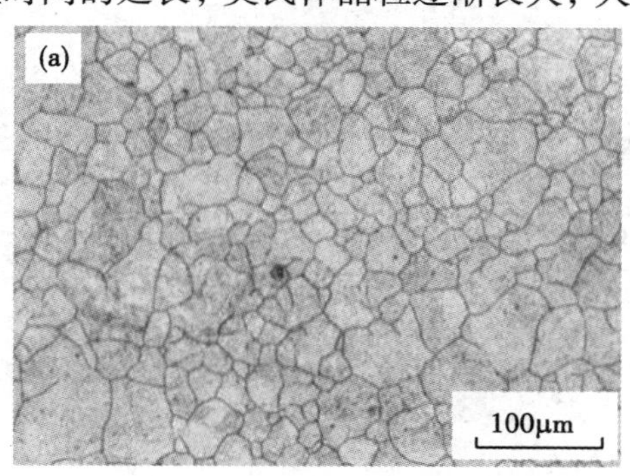

图 2.3　不同保温时间下奥氏体组织

加热温度 1200℃：(a)—3min；(b)—6min；(c)—20min

粒数量逐渐减少，部分晶界消失，晶界变得更加平直，如图 2.3(b)所示。当保温 20min 时，第二相粒子大量固溶于奥氏体中，晶粒进一步长大，晶界呈平直状，晶界之间的夹角约为 120°，如图 2.3(c)所示。在加热温度一定时，奥氏体晶粒形成后，随着保温时间的延长，奥氏体晶粒逐渐长大，晶界逐渐趋于平直化，组织朝着晶界面积减小的方向发展。

如图 2.4 所示，当加热温度一定时，随着保温时间延长，奥氏体晶粒不断长大。在保温时间介于 3~6min 时，晶粒长大较快。当长大到一定程度，随着保温时间增加，奥氏体晶粒长大变缓。这是因为，在每一个加热温度下都有一个加速长大期，当奥氏体晶粒长大到一定尺寸后，晶界互相接触，继续延长保温

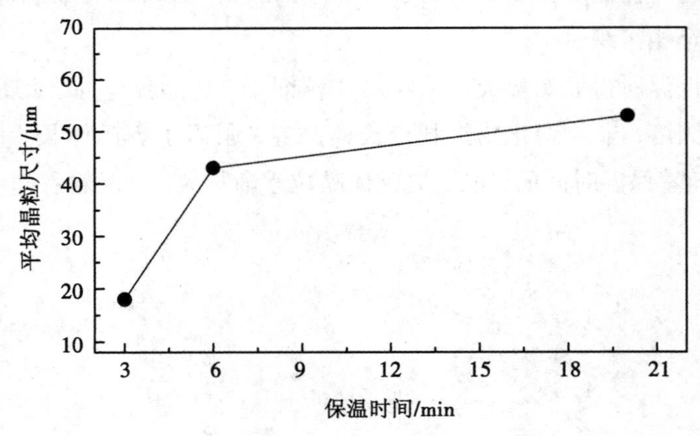

图 2.4　保温时间对奥氏体平均晶粒尺寸的影响

加热温度 1200℃

时间，晶粒不再明显长大。

2.3　加热温度对第二相粒子的影响

在工业生产中，钢中通常加入适量的可形成难溶化合物的合金元素，如Ti，V，Nb，Al 等，这些元素是强碳、氮化物形成元素，在钢中形成熔点高、稳定性强、弥散的第二相粒子，对奥氏体晶粒的长大具有阻碍作用。

第二相粒子在钢中可以与基体呈现共格或者非共格关系，往往会阻碍位错的运动，起到第二相强化的作用，使钢的强度增大。第二相粒子越细小，分布越均匀，强化效果越显著。许多研究结果表明，提高金属材料的强度和韧性最有效的方法是细化晶粒，而利用弥散分布的第二相粒子细化基体组织已成为工业上常用的强化手段。

第二相粒子对晶界的钉扎力可由式(2.2)表示：

$$P_{\mathrm{P}} = \beta \cdot \sum_{i} \frac{f_i}{r_i} \tag{2.2}$$

式中，i 为半径小于有效半径的第二相粒子；f_i 为体积分数；r_i 为有效粒子半径，β 为常数。第二相粒子数量越多，粒子的钉扎作用越强；粒子的尺寸越小，粒子的钉扎作用越显著。

在加热过程中，加热温度对第二相粒子的体积分数、尺寸、分布等具有显著影响。图 2.5 给出了 X100 管线钢加热至不同温度时组织中第二相粒子及其尺寸分布图。随着加热温度升高，第二相粒子数量减少，尺寸逐渐增大，这是因为随着温度升高，原子扩散能力增强，第二相粒子回溶速率增加，而未溶的第二相粒子则会发生聚集长大。

在 2.1 节内容中提到，随着加热温度升高，奥氏体晶粒尺寸逐渐增大，这与钢中的第二相粒子的存在状态密切相关。在加热过程中，存在奥氏体晶粒粗化临界温度，从热力学角度解释即奥氏体晶粒粗化驱动力与第二相粒子对奥氏体晶界钉扎力达到平衡的温度。钉扎力的大小和第二相粒子体积分数及平均尺寸有关，当加热温度低于 1200℃时，未溶第二相粒子分布弥散，数量较多，对

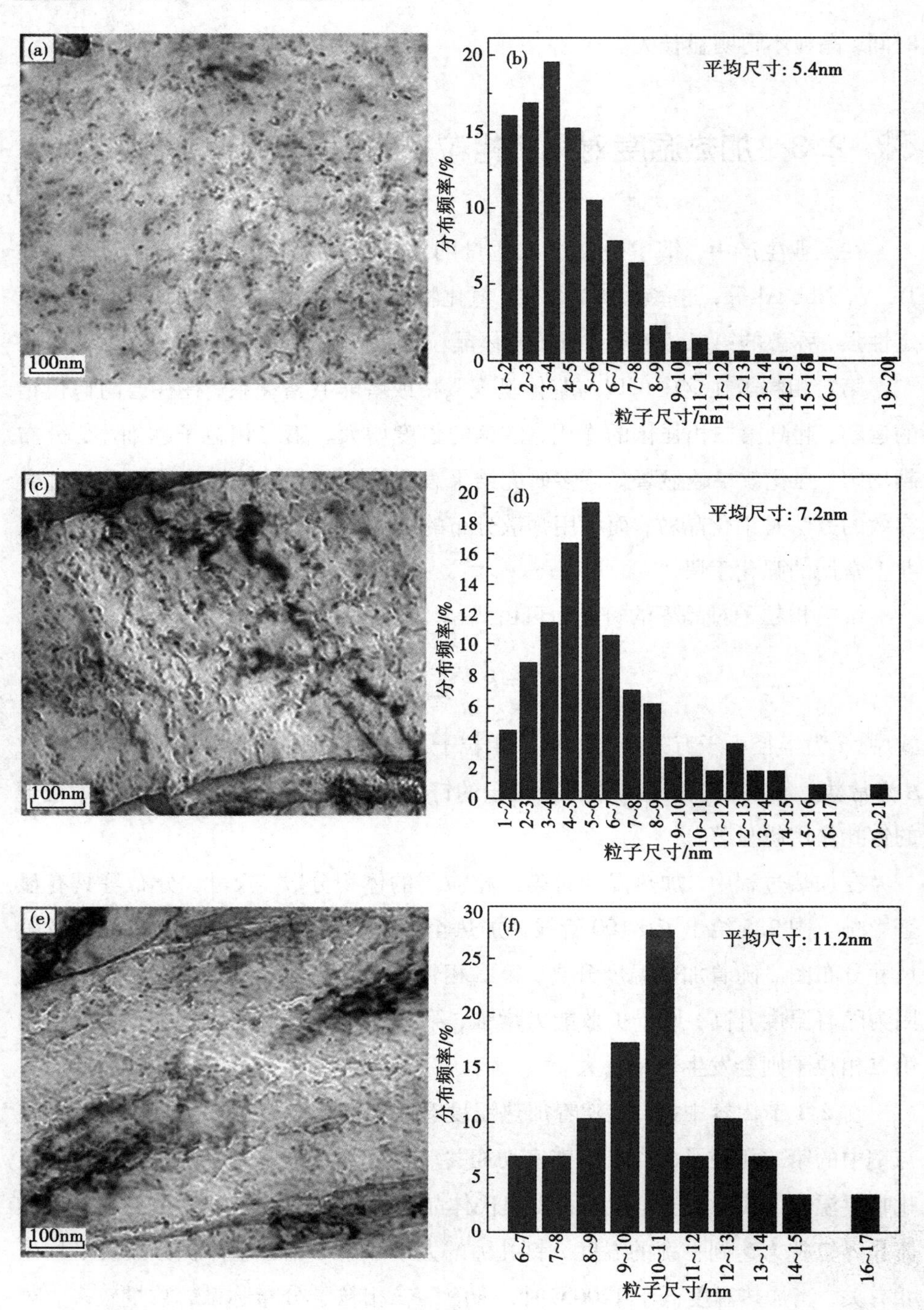

图 2.5 加热温度对第二相粒子的影响

保温时间 6min：(a)，(b)—1150℃；(c)，(d)—1200℃；(e)，(f)—1250℃

晶界的钉扎力足够抵抗晶粒粗化的驱动力，奥氏体晶粒不会过分长大；当加热温度达到 1250℃时，第二相粒子回溶，并且粗化，平均粒子尺寸大于临界有效尺寸，对晶界的钉扎作用降低，挣脱束缚的晶界快速迁移，奥氏体晶粒在高温时长大明显，整体组织十分粗大。

在加热过程中随着温度的升高，微合金元素的碳氮化物会逐渐固溶于基体中，第二相粒子含量逐渐减少。微合金元素的固溶可由溶度积表示。Nb，V，Ti 是钢中经常添加的微合金元素，它们常见二元微合金碳、氮化物在奥氏体中的固溶度积公式如表 2.1 所示。

表 2.1　常见二元微合金碳、氮化物在奥氏体中的固溶度积公式

第二相	固溶度积公式
Nb-C	$\log\{[Nb]\cdot[C]\}_{\gamma}=2.06-6700/T$
Nb-N	$\log\{[Nb]\cdot[N]\}_{\gamma}=2.80-8500/T$
Ti-C	$\log\{[Ti]\cdot[C]\}_{\gamma}=2.75-7000/T$
Ti-N	$\log\{[Ti]\cdot[N]\}_{\gamma}=3.94-15190/T$
V-C	$\log\{[V]\cdot[C]\}_{\gamma}=6.72-9500/T$
V-N	$\log\{[V]\cdot[N]\}_{\gamma}=3.46-8330/T$

微合金碳、氮化物的固溶序列为：VC<VN<V(C，N)<TiC(NbC，NbN)<Nb(C，N)<Ti(C，N)<TiN。VC、VN 以及 V(C，N)等属于低温固溶碳、氮化物，固溶温度较低，当加热温度达到 1100℃时，基本上就能完全溶解，这些碳氮化物对晶界的钉扎作用仅限于低温阶段。当加热温度升高后，固溶温度相对较低的 V 和 Nb 的碳化物、氮化物出现大量溶解，其中 V 几乎全部溶解，剩下的主要以 Ti 的碳、氮化物为主，以及少量 Nb 的碳氮化物。

大量研究结果表明，相对弥散分布的第二相颗粒对析出强化和晶粒细化具有显著作用，且加热时微合金元素的固溶量越大，在随后的析出过程中越能得到分布弥散和尺寸细小的颗粒。因此，为了保证在后续过程中得到理想分布的第二相颗粒，就需要在加热的过程中有大量的微合金元素固溶在基体中。为达到这一目的，需要选择恰当的加热温度，在保证大量微合金元素固溶的情况下，避免奥氏体晶粒过分长大。

参考文献

[1] Zhang Z H, Liu Y N, Liang X K, et al. The effect of Nb on recrystallization behavior of a Nb micro-alloyed steel[J]. Materials science and engineering A, 2008, 474(1/2): 254-260.

[2] Maropoulos S, Karagiannis S, Ridley N. The effect of austenitising temperature on prior austenite grain size in a low-alloy steel[J]. Materials science and engineering A, 2008, 483-484: 735-739.

[3] Zhang S S, Li M Q, Liu Y G, et al. The growth behavior of austenite grain in the heating process of 300M steel[J]. Materials science and engineering A, 2011, 528(15): 4967-4972.

[4] Palmiere E J, Garcia C I, Deardo A J. Compositional and microstructural changes which attend reheating and grain coarsening in steels contain niobium[J]. Metallurgical and materials transactions A, 1994, 25: 277-286.

[5] Hudd R C, Jones A, Kale M N. A method for calculating the solubility and composition of carbonitride precipitates in steel with particular reference to niobium carbonitride[J]. ISIJ international, 1971, 209: 121-125.

[6] 雍岐龙,刘正东,孙新军,等.钛微合金钢中碳氮化钛固溶量及化学组成的计算与分析[J].钢铁钒钛,2005,26(3):12-16.

[7] 曾才有.X100高钢级管线钢组织演变与力学性能研究[D].沈阳:东北大学,2014.

[8] 苏德达.奥氏体晶粒长大与晶界迁移[J].金属制品,2004(5):51-54.

[9] 李华.X80管线钢组织调控与力学性能研究[D].沈阳:东北大学,2019.

[10] 黄泽文.微合金化钢的碳氮化物在奥氏体中的行为[J].四川冶金,1988(2):51-57.

第3章　钢铁材料高温变形行为

在工业生产中，为减小轧机负荷，提高生产效率，多选择在高温奥氏体区对钢材进行压力加工。轧制过程中钢材经过变形，其内部的组织结构会发生一定的变化。这种变化在宏观上可以体现为力学性能的改变；在微观上体现为晶粒被压扁、拉长，组织中出现织构，内部位错密度增加等。变形使得金属内部变得不稳定，有自发朝着更稳定的状态转变的趋势，这种转变的具体形式可以分为回复和再结晶。金属内部的回复与再结晶现象决定了相变前奥氏体组织形态对后续相变过程及最终组织和性能产生极为重要的影响。并且两种现象交错在一起，使高温变形过程变得极为复杂，为此本章针对钢材的高温变形行为，从动态再结晶、变形抗力、静态再结晶和未再结晶温度的确定等几个方面进行介绍。

3.1　动态再结晶

在对钢铁材料进行热加工时，内部组织发生变形，晶格产生畸变，随着位错数量的增加，通过位错运动使部分位错消失或重新排列的过程，这便是动态回复现象。随着应变量的增加，高温奥氏体的真应力增加，这种现象称为加工硬化。与此同时，内部的畸变能不断增加，当增加到一定程度时会促使新晶粒形核长大，新的无畸变晶粒取代原始变形晶粒，这便是再结晶现象，因为是一边加工一边发生再结晶，我们称之为动态再结晶。动态再结晶具体在生产线上就是轧件进入轧机后在轧辊的压力下变形过程中所发生的再结晶。

动态再结晶是一个混合的过程，它既有再结晶过程，新的晶粒形核并长大，消除组织缺陷，使更多的位错消失，材料快速软化；同时在继续发生形变，产生新的位错以及组织缺陷，从而使材料发生加工硬化。在动态再结晶发生阶段，动态软化大于加工硬化，在真应力-真应变曲线上表现为随着变形量的增加变形应力开始下降。

不同的材料会有不同的动态再结晶类型，大致可分为两类：连续动态再结晶和间断动态再结晶。假设从一轮动态再结晶开始，到此轮动态再结晶过程结束，所需要的临界变形量为 ε_r，奥氏体发生动态再结晶的临界变形量为 ε_c，由于二者的数值存在差异，致使动态再结晶有两种类型，对应不同的真应力-真应变曲线。

① 当 $\varepsilon_c<\varepsilon_r$时，随着应变量的增加，应力基本保持不变，发生连续的动态再结晶。在动态再结晶过程中，晶粒在发生再结晶形核以及晶粒长大的同时，会继续发生形变。由于 $\varepsilon_c<\varepsilon_r$，刚刚形核的再结晶组织在受到应力发生形变时，还没有等到整体奥氏体组织一轮的再结晶过程完成就已经达到了其再次发生再结晶的临界应变。于是对于整个奥氏体组织而言，在一轮的动态再结晶过程中同时伴随着其中部分晶粒发生着第二轮、第三轮甚至更多轮次的再结晶。上述结果在真应力-真应变曲线上表现为随着形变量的增大，材料的应力值没有发生较大的变化，呈稳定变形状态。

② 当 $\varepsilon_c>\varepsilon_r$时，随着变形量增加，应力出现波浪式变化，发生间断性的动态再结晶。如前面所述，动态再结晶在再结晶过程发生的同时伴随着形变的产生。但由于 $\varepsilon_c>\varepsilon_r$，一轮再结晶过程中首先形核的晶粒组织受到的应变量在此轮再结晶过程完成前无法达到其发生二次再结晶的临界应变量。故整个奥氏体会先完成一轮动态再结晶，之后处于继续加工硬化的形变状态，直至应变值达到发生动态再结晶的临界应变值，整个奥氏体才会再次发生再结晶。上述结果在真应力-真应变曲线上表现为随着形变量的增大，材料的应力在等待再次发生动态再结晶时上升，在发生动态再结晶后下降，呈波浪状的非稳态变形状态。

动态再结晶的机制有应变诱发晶界迁移机制（也称为晶界弓出机制）和亚晶粗化机制。应变诱发晶界迁移机制是大角度晶界两侧存在位错密度差的结果。在奥氏体组织中，大角度晶界两侧亚晶含有不同的位错密度，从而导致两侧亚晶具有不同的应变储存能。此时，在应变储存能差这一驱动力的作用下，大角度晶界会向位错密度高的一侧迁移，晶界往外弓出，形成新的再结晶晶粒。

在动态再结晶的过程中，所有的趋势都朝着界面能减小的方向进行。当动态再结晶采用亚晶粗化机制时，位向差不多的相邻亚晶为了降低表面能而转动，互相合并，形成新的再结晶晶粒。在这个过程中，为了形成新的晶界并消除两亚晶合并后的公共亚晶界，需要两亚晶小角度晶界上位错的滑移和攀移来实现，亚晶转动合并后，由于转动的作用会增大其与相邻亚晶之间的位向差，就这样形成大角度晶界，形成了新的再结晶晶粒。

奥氏体高温变形的真应力-真应变曲线有 3 种类型：低温时，应力始终随着应变的增加而不断增大，称为加工硬化型；高温高变形速率时，随着应变的逐渐增大，应力开始增加较快，后续增加较为缓慢直至曲线转为水平，称为动态回复型；高温低变形速率时，随着应变逐渐增大，应力先增大，达到峰值应力后又逐渐降低，最后应力稳定，称为动态再结晶型。

图 3.1 给出了 Ti 微合金化汽车大梁钢在 1050℃进行变形，应变速率为 0.1s^{-1}时所得的真应力-真应变曲线。可以看出，真应力值并不随着真应变值的增加而单调上升，而是有升有降。在刚发生变形时，应力先随应变增加而增大，但增大的幅度越来越小，直至达到应力峰值，此后应力随应变的增加而逐渐减小，最后达到应力稳定态，这表明在变形过程中发生了动态再结晶，真应力-真应变曲线类型为动态再结晶型。

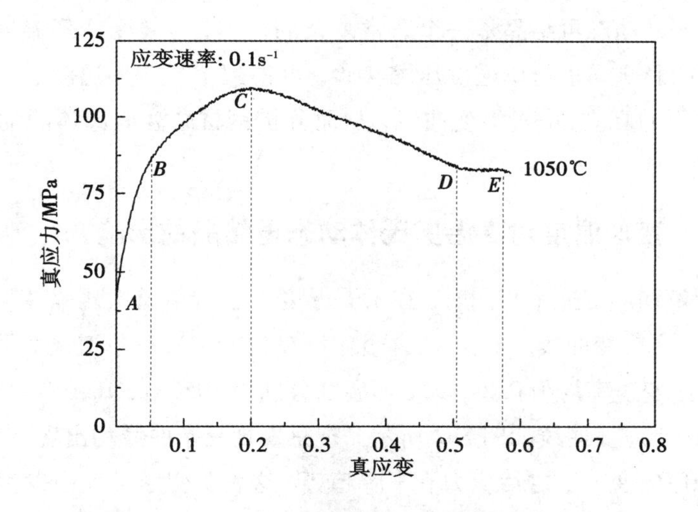

图 3.1　动态再结晶型真应力-真应变曲线

金属的热塑性加工变形过程中既有加工硬化的作用，又有回复、再结晶软化的作用，两者相互矛盾又相互统一。对于变形初期，随着变形的不断进行，位错密度迅速增大，产生加工硬化作用，促使变形抗力增加，见图 3.1 中 *AB* 曲线段。在热变形过程中，随着变形量的继续增大，位错密度增大到一定程度会通过位错的交滑移和攀移使部分位错相互抵消或重新排列，发生动态回复，当位错的重新排列达到一定程度，可形成清晰的亚晶界，发生动态多边形化。这两种作用都会使材料软化，削弱不断变形造成的加工硬化。但总的趋势，在此阶段加工硬化的速率还是比动态软化的速率大，因此这一阶段的真应力-真应变曲线，随着应变的增加，应力不断增大，只是增大的幅度越来越小，直至达到峰值应力，见图 3.1 中 *BC* 曲线段。

随着变形量的进一步增大，位错密度进一步增大，金属内部积累的位错畸变能也不断升高，该畸变能积累到一定程度时，在发生严重畸变的晶粒内会出现新晶粒的形核并继续长大，即发生了奥氏体的动态再结晶。动态再结晶后，大量位错消失，软化速率显著加快，材料的加工硬化在极大程度上被削弱，从而使变形应力很快下降，见图 3.1 中 *CD* 曲线段。随着变形的持续进行，动态再结晶也将继续进行，直至完成一轮再结晶，此时变形应力下降到最低点。此后，动态再结晶造成的位错密度迅速减小，使动态软化速率减慢，动态软化与加工硬化达到动态平衡，虽然变形还在不断进行，但应力基本保持稳定不变，见图 3.1 中 *DE* 曲线段。

由此可见，动态再结晶是一个非常复杂的过程，主要受变形温度、应变速率、变形量的影响。进行单道次压缩实验，可得到不同变形温度、应变速率和变形量条件下的真应力-真应变曲线，从而分析钢材高温奥氏体的动态再结晶行为。

3.1.1 变形温度对高温奥氏体动态再结晶的影响

当变形量和应变速率相同时，在不同温度下进行单道次压缩变形，得到不同的真应力-真应变曲线。对 Ti 微合金化汽车大梁钢进行单道次压缩变形，变形量相同，应变速率均为 $0.2s^{-1}$，变形温度分别为 1050℃，1000℃和 950℃，所得的真应力-真应变曲线如图 3.2 所示。观察发现三条曲线均出现了峰值应力，并对应一峰值应变 ε_p，之后应力有下降趋势，这表明变形过程中发生了动态再结晶。随着变形温度的升高，峰值应力和峰值应变均逐渐减小，表明在较高温度下变形时发生动态再结晶比较容易，而在较低温度下变形时发生动态再结晶需要更大的变形量。

当变形温度较高时，金属原子热运动的幅度增强，使原子之间的结合力降低，位错滑移所需的临界切应力也随之降低，导致空位原子扩散及位错进行交滑移和攀移的驱动力增大，因而更容易发生动态再结晶；而变形温度较低时，材料的加工硬化作用较强，动态软化的驱动力较小，不容易发生动态再结晶。

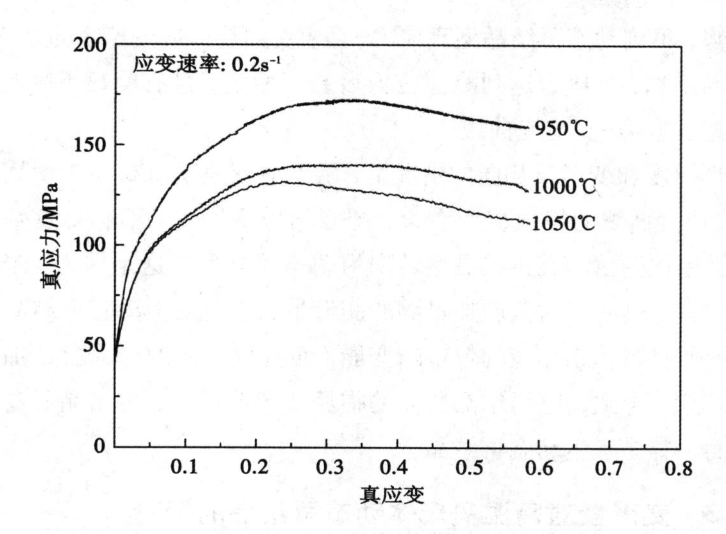

图 3.2　不同变形温度下的真应力-真应变曲线

3.1.2　应变速率对高温奥氏体动态再结晶的影响

图 3.3 给出了 Ti 微合金化汽车大梁钢在不同应变速率条件下的真应力-真应变曲线。可以看出，对于相同的变形量，应变速率越大，所对应的变形应力越大。应变速率为 0.1s^{-1}时，真应力-真应变曲线上出现了峰值应力，之后应力

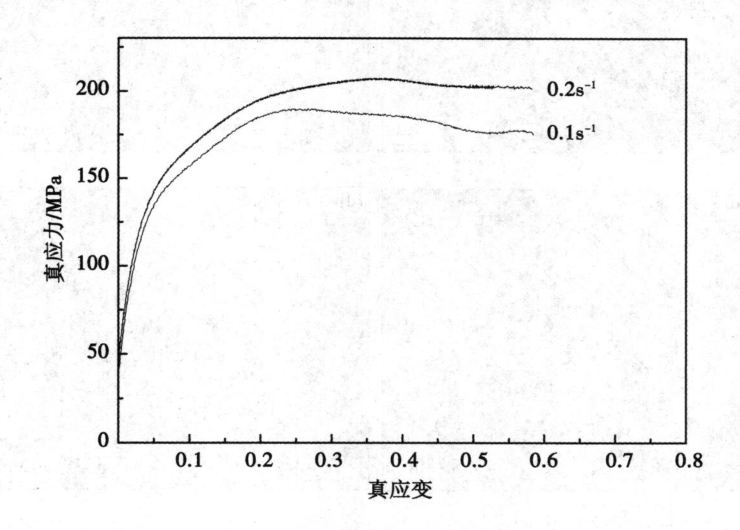

图 3.3　不同应变速率条件下的真应力-真应变曲线

变形温度 850℃

有下降趋势，得到动态再结晶型真应力-真应变曲线。应变速率为 $0.2s^{-1}$ 时，随着应变不断增加，真应力达到峰值应力后趋于稳定，没有明显下降趋势，得到动态回复型真应力-真应变曲线。

在变形温度和变形量相同的情况下，随着应变速率由 $0.1s^{-1}$ 增大至 $0.2s^{-1}$，真应力-真应变曲线的峰值应变右移，即峰值应变增大，不容易发生动态再结晶，曲线类型逐渐由动态再结晶型转变为动态回复型。这是因为，若要材料发生动态再结晶，则必须对其施加足够的变形量，达到发生动态再结晶的临界变形量，才能使材料积累相应的位错畸变能，而应变速率的增大会使加工硬化的作用不断增强，导致动态再结晶所需的临界变形量增大，再结晶所需的驱动力增加，因而不容易发生动态再结晶。

3.1.3 变形量对高温奥氏体动态再结晶的影响

图 3.4 给出了含 Nb 高强船板钢在 1000℃进行不同程度的变形所得的奥氏体金相组织。图 3.4(a)是未变形时的奥氏体晶粒，为典型的多边形奥氏体，平

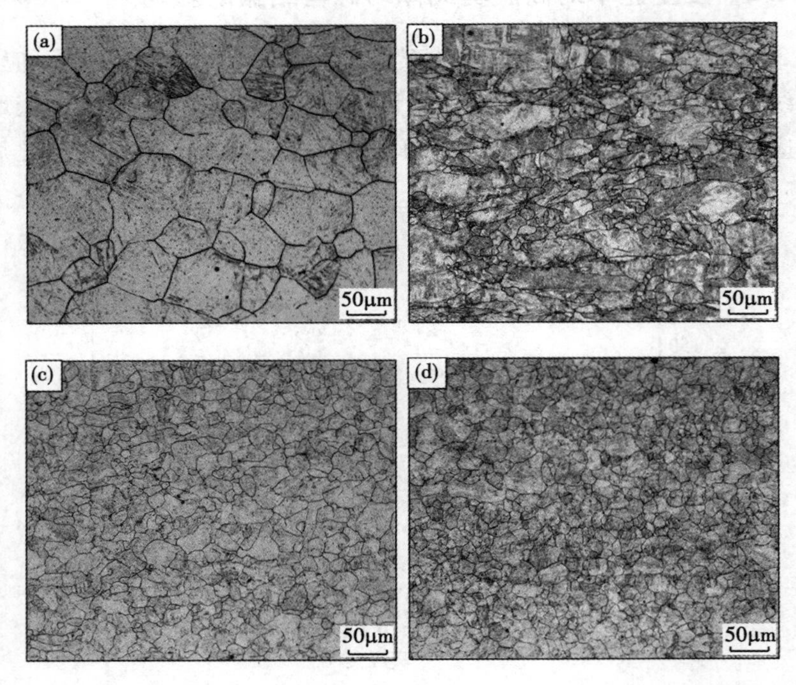

图 3.4 实验钢不同变形量时的奥氏体晶粒形貌金相照片(1000℃)

(a)—ε=0%；(b)—ε=10%；(c)—ε=20%；(d)—ε=50%

均晶粒尺寸约为 90μm。变形量为 10%时，由于变形量太小，仅在晶界处发生部分再结晶；变形量增大至 20%时，粗大的原始奥氏体晶粒已不复存在，取而代之的是细化后的奥氏体晶粒；变形量达到 50%时，晶粒尺寸进一步细化，再结晶体积分数增大。

由此看来，增大变形程度能够促进奥氏体动态再结晶的发生，加强奥氏体晶粒细化效果。这主要是因为随着奥氏体晶粒变形程度的增大，晶粒内部出现大量位错、胞状亚结构等晶粒缺陷，此时奥氏体再结晶晶粒不仅能够在奥氏体晶界上形核，在奥氏体晶粒内部的缺陷上同样能够形核，形核位置和形核速率迅速增加；除此之外，奥氏体晶粒发生畸变后，增大了奥氏体的形变储能，最终促进了动态再结晶的发生。

3.2　动态再结晶数学模型

奥氏体动态再结晶是一个非常复杂的过程，而且动态再结晶的分数对钢材最终的组织和性能具有重要影响。研究结果表明，根据实验数据建立的动态再结晶模型，可指导轧制变形工艺参数的设定，是目前控制奥氏体动态再结晶分数的最佳方法。本节以 DP590 薄规格热轧双相钢为例，介绍动态再结晶数学模型的建立过程。

实验钢在 900℃、950℃、1000℃、1050℃下进行单道次压缩实验，采用相同的变形量，每个温度下采用两个应变速率 $0.05s^{-1}$ 和 $0.1s^{-1}$，所得真应力-真应变曲线如图 3.5 所示。由于变形温度高且应变速率低，均得到动态再结晶型真应力-真应变曲线。利用真应力-真应变曲线中的数据，建立动态再结晶数学模型。

(1)实验钢动态再结晶激活能的计算

钢在一定温度条件下的变形，其真应力-真应变曲线可由 Zener-Hollomon 参数(简称 Z 参数)、应变速率和变形温度决定，Z 参数可以描述动态再结晶能否发生，决定于钢在高温变形条件下的变形温度和应变速率，可用式(3.1)和(3.2)表示：

$$Z = A[\sinh(\alpha\sigma_p)]^n \tag{3.1}$$

$$Z = \dot{\varepsilon}\exp(Q_d/RT) \tag{3.2}$$

式中，σ_p 为真应力-真应变曲线的峰值应力，MPa；Q_d 为动态再结晶激活能，

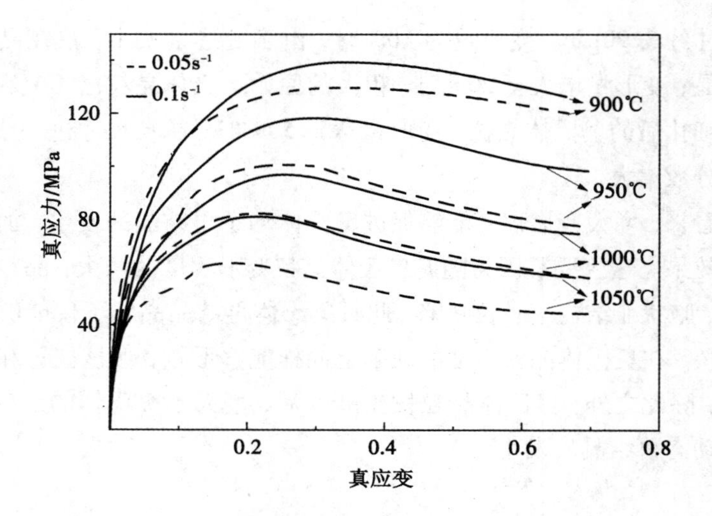

图 3.5　实验钢真应力-真应变曲线

kJ/mol；R 为气体常数，8.3145J/(mol·K)；A，n，α 与实验钢的成分有关，均为常数，α 的取值范围是 0.01~0.013MPa^{-1}，n 值受成分影响较大，需要通过实验数据计算得到。

由式(3.1)和式(3.2)中 Z 参数与 Q_d 的关系，可得：

$$\dot{\varepsilon}=A\left[\sinh(\alpha\sigma_p)\right]^n\exp(-Q_d/RT) \tag{3.3}$$

式(3.3)中的常数 α 由式(3.4)和式(3.5)来确定：

$$\dot{\varepsilon}=B_1\sigma_p^m \tag{3.4}$$

$$\dot{\varepsilon}=B_2\exp(\beta\sigma_p) \tag{3.5}$$

式中，B_1，B_2，m，β 均为常数，且 $\beta=\alpha m$。

对式(3.4)和式(3.5)两边同时取自然对数，可知在同一变形温度下，$\ln\dot{\varepsilon}$ 与 $\ln\sigma_p$ 之间的关系为线性关系，$\ln\dot{\varepsilon}$ 与 σ_p 之间的关系为线性关系。即可求得 m 的平均值为 4.2531，β 的平均值为 0.0451，进而可求得 $\alpha=0.0106\text{MPa}^{-1}$。

对式(3.3)两边同时取自然对数，并求导，可得：

$$Q_d=R\left.\frac{\partial\ln\dot{\varepsilon}}{\partial\{\ln[\sinh(\alpha\sigma_p)]\}}\right|_T\cdot\left.\left[\frac{\partial\{\ln[\sinh(\alpha\sigma_p)]\}}{\partial(1/T)}\right]\right|_{\dot{\varepsilon}}=Rnb \tag{3.6}$$

由式(3.6)可知，$\ln\dot{\varepsilon}$ 与 $\ln\sinh(\alpha\sigma_p)$ 之间的关系为线性关系，斜率即 n 值；$\ln\sinh(\alpha\sigma_p)$ 与 $1/T$ 之间的关系为线性关系，斜率即 b 值，如图 3.6 所示。

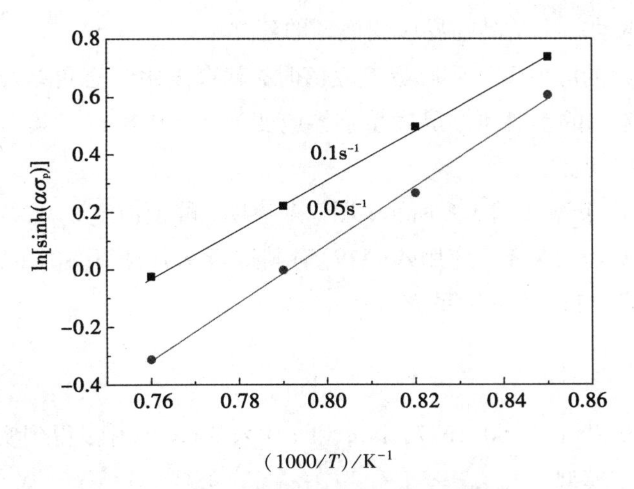

图 3.6　实验钢峰值应力与变形温度的关系

根据式(3.6)，求得 n 的平均值为 3.48，b 的平均值为 8206.21，将求出的 n 值和 b 值代入式(3.6)中，得到 Q_d = 237.442kJ/mol。

根据图 3.5 中的真应力、真应变数据，计算出 $Z=\dot{\varepsilon}\exp(Q_d/RT)$ 和 $[\sinh(\alpha\sigma_p)]^n$ 的值，然后对其进行线性回归，如图 3.7 所示，得到实验钢的 A 值为 2.71×10^8。

即得到 Z 参数：

$$Z = 2.71\times10^8[\sinh(0.0106\sigma_p)]^{3.48} = \dot{\varepsilon}\exp(28558/T) \tag{3.7}$$

实验钢的热加工方程为：

$$\dot{\varepsilon} = 2.71\times10^8[\sinh(0.0106\sigma_p)]^{3.48}\exp(-28558/T) \tag{3.8}$$

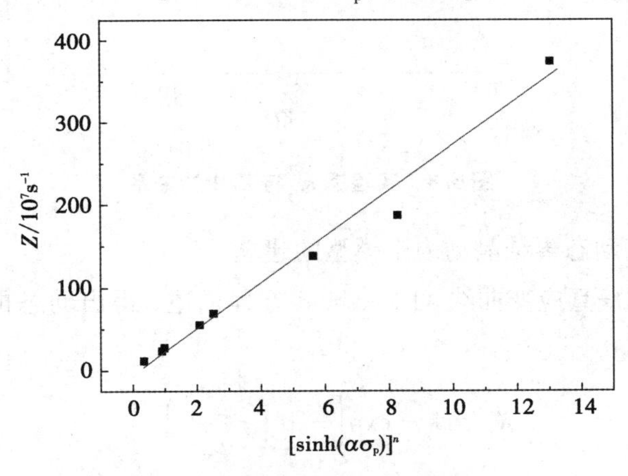

图 3.7　实验钢 Z 参数与峰值应力的关系

(2)实验钢动态再结晶临界应变模型的建立

当变形积累的应变值达到临界应变值时，就会发生动态再结晶。根据相关文献，确定实验钢的动态再结晶发生临界应变为 $\varepsilon_c = 0.83\varepsilon_p$ ，其中 ε_c 为临界应变，ε_p 为峰值应变。

ε_p 和 Z/A 的关系如图 3.8 所示，图 3.8 表明，峰值应变 ε_p 与 Z/A 之间的关系可近似看作幂函数关系，应用式(3.9)对其进行回归计算，确定常数 a ，b 的值，即可得到 ε_p 与 Z/A 的关系方程：

$$\varepsilon_p = a \cdot \left(\frac{Z}{A}\right)^b \tag{3.9}$$

得出 $a = 0.2083$，$b = 0.1677$，将 a 和 b 代入式(3.9)中，得到实验钢的动态再结晶临界应变模型：

$$\varepsilon_p = 0.2083 \times \left(\frac{\dot{\varepsilon}\exp(28558/T)}{2.71 \times 10^8}\right)^{0.1677} \tag{3.10}$$

$$\varepsilon_c = 0.1729 \times \left(\frac{\dot{\varepsilon}\exp(28558/T)}{2.71 \times 10^8}\right)^{0.1677} \tag{3.11}$$

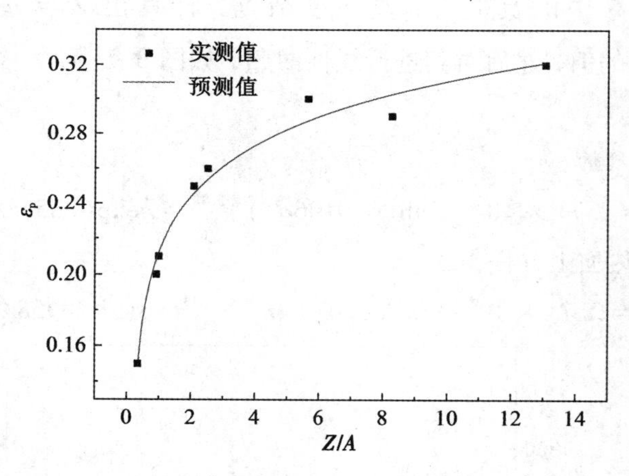

图 3.8　实验钢 ε_p 与 Z/A 的关系

(3)实验钢动态再结晶动力学模型的建立

通过真应力-真应变曲线，由 Avrami 方程描述，得出动态再结晶动力学模型：

$$X_D = 1 - \exp\left[-M\left(\frac{\varepsilon - \varepsilon_c}{\varepsilon_p}\right)^n\right] \tag{3.12}$$

式中，X_D 为动态再结晶体积分数；ε 为应变；M ，n 均为常数。

根据 M. E. Wahabi 等人的方法计算动态再结晶体积分数：

$$X_D = \frac{\sigma^{de} - \sigma^{dx}}{\sigma_s^{de} - \sigma_s^{dx}} \tag{3.13}$$

式中，σ^{de} 为即时应力（动态回复过程中）；σ_s^{de} 为稳态应力（动态回复过程中）；σ^{dx} 为即时应力（动态再结晶过程中）；σ_s^{dx} 为稳态应力（动态再结晶过程中）。动态回复过程中，σ_p 可近似替换 σ^{de} 和 σ_s^{de}，则式(3.13)可表示为：

$$X_D = \frac{\sigma_p - \sigma^{dx}}{\sigma_p - \sigma_s^{dx}} \tag{3.14}$$

对式(3.12)两边同时取双对数，可得：

$$\ln\ln\left(\frac{1}{1-X_D}\right) = n\ln\left(\frac{\varepsilon - \varepsilon_c}{\varepsilon_p}\right) + \ln M \tag{3.15}$$

$\ln\ln\left(\frac{1}{1-X_D}\right)$ 与 $\ln\left(\frac{\varepsilon - \varepsilon_c}{\varepsilon_p}\right)$ 成线性关系，对其进行线性回归，如图 3.9 所示。可以得到 $n = 1.05$，$M = 0.804$。

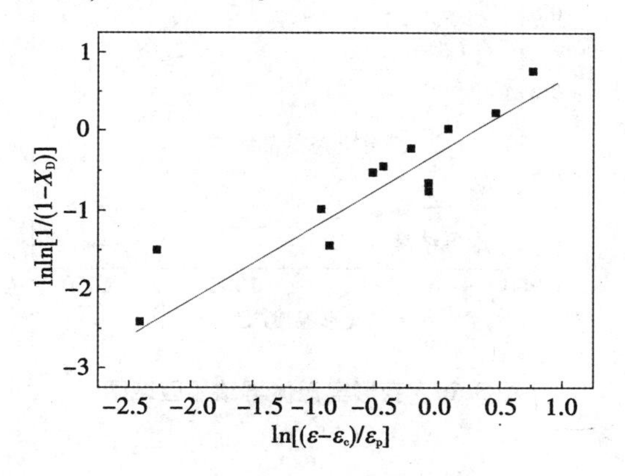

图 3.9　实验钢 $\ln\ln[1/(1-X_D)]$ 与 $\ln[(\varepsilon-\varepsilon_c)/\varepsilon_p]$ 的关系

实验钢动态再结晶动力学模型：

$$X_D = 1 - \exp\left[-0.804\left(\frac{\varepsilon}{0.2083 \times \left(\frac{\dot{\varepsilon}\exp(28558/T)}{2.71 \times 10^8}\right)^{0.1677}} - 0.83\right)^{1.05}\right] \tag{3.16}$$

(4)动态再结晶区域图的绘制

当应变速率一定时，随着变形温度的升高，部分动态再结晶和完全动态再结晶开始真应变均减小，当变形温度一定时，应变速率越小，部分动态再结晶和完全动态再结晶开始真应变也越小，如图 3. 10 所示。这是由于应变速率越小、变形温度越高，越容易发生动态再结晶。

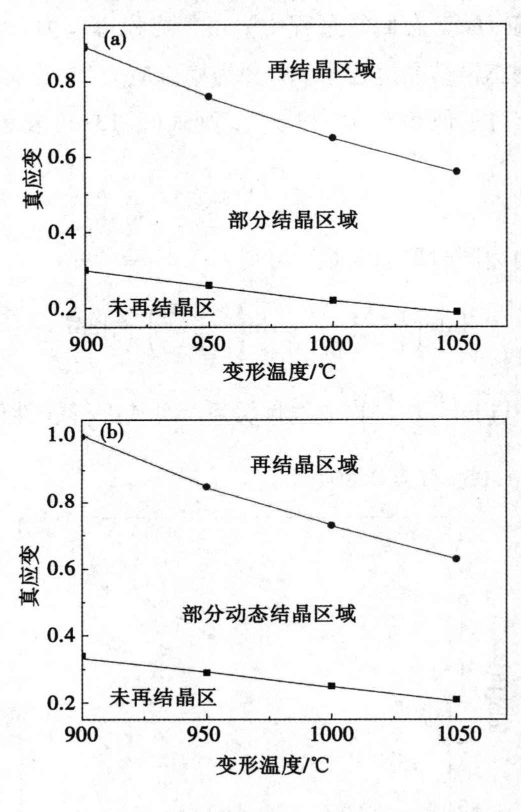

图 3. 10　变形奥氏体再结晶区域图

(a)—$0.05s^{-1}$；(b)—$0.1s^{-1}$

3. 3　变形抗力及数学模型

3. 3. 1　变形抗力的影响因素

一般地，度量材料保持其原有形状而抵抗塑性变形的力学指标称为塑性变形抗力。轧材的变形抗力是影响热轧过程中轧制力非常关键的因素。影响材料变形抗力的因素有很多，从宏观层面讲，有变形温度、变形速率、变形程度以及材料的化学成分等。

变形温度是影响变形抗力大小的重要因素，变形抗力会随着变形温度的升高而逐渐降低。变形温度对变形抗力的影响规律可以解释为：金属在高温发生塑性变形时，先后经历加工硬化、回复和再结晶过程；当变形温度升高时，金属内部能量增大，原子扩散能力增强，滑移阻力减小，回复和再结晶越容易发生；回复使位错密度降低，金属的软化作用增强，可抵消一部分因塑性变形产生的加工硬化，因此随着变形温度的升高，实验钢的变形抗力逐渐减小。

此外，变形抗力受应变速率的影响也是十分大的，变形抗力随着应变速率的增大而增加。发生这种趋势的原因是当应变速率增加时，材料内部的软化机制无法在短时间内完全完成，这就导致在塑性变形过程中产生的加工硬化作用尤为明显，变形的阻力增强。另外，应变速率对材料的摩擦系数还有影响，从而也会影响材料的变形抗力。

关于变形程度对变形抗力的影响规律在 3.1 节已经做了简单的介绍。从根本上讲，位错密度的变化及实验钢临界应变时发生的动态回复及再结晶行为是发生这种变化趋势的主要原因，随着变形程度的增加，材料内部的位错密度会逐渐升高，金属的流动会被这些高密度的位错阻碍，导致变形抗力增大。由于变形速率和变形温度的影响，虽然还没有达到动态再结晶形核，但是变形程度的增高会使变形抗力值增大；当所有的变形条件均处于相互适合的情况下，虽然变形量增大的同时会增大位错的密度，但同样异号位错的数量也会相应地增加，处于同一滑移面上相互抵消的异号位错和增加的位错达到平衡时，动态回复就会发生，使得变形抗力值保持在一个相对稳定的水平。

3.3.2　变形抗力数学模型

变形抗力对材料的塑性加工能力有十分重要的影响，也是材料的重要性能指标。变形抗力数学模型的构建是研究材料变形抗力的一个重要手段。以 DP590 薄规格热轧双相钢为例，介绍变形抗力模型的建立过程。图 3.11 给出了不同变形温度及应变速率下实验钢真应力-真应变曲线。

热变形被认为是一个热激活过程，其中 σ，T 和 $\dot{\varepsilon}$ 之间关系的数学模型主要有以下三种形式：

$$\dot{\varepsilon} = A_1\sigma^{n_1} \cdot \exp(-Q/RT) \quad (\alpha\sigma < 0.8) \tag{3.17}$$

$$\dot{\varepsilon} = A_2\exp(\beta\sigma) \cdot \exp(-Q/RT) \quad (\alpha\sigma > 1.2) \tag{3.18}$$

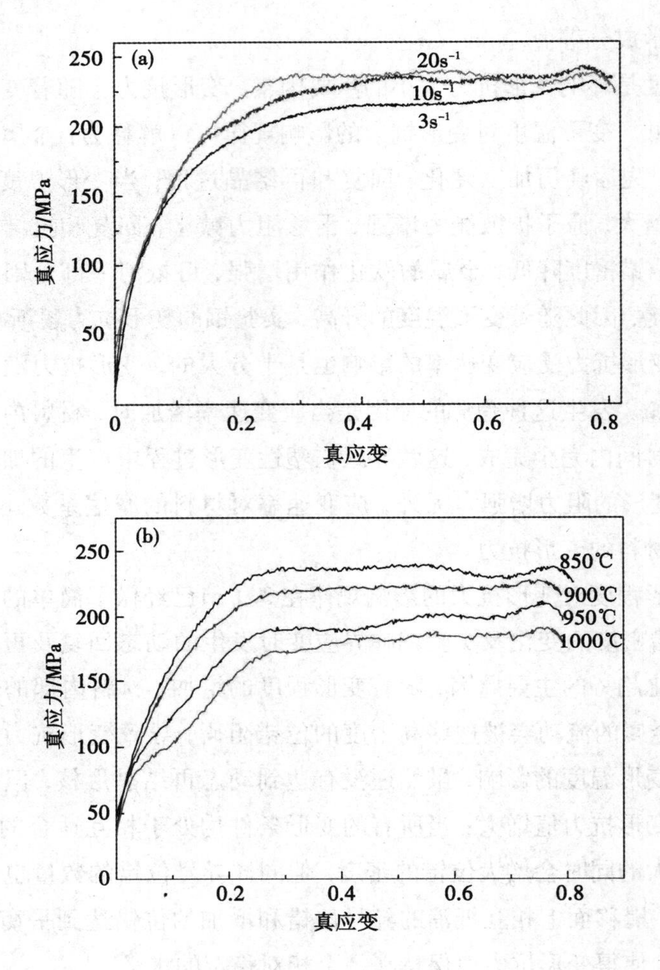

图 3.11 实验钢真应力-真应变曲线

(a)—变形温度 850℃；(b)—应变速率 $3s^{-1}$

$$\dot{\varepsilon} = A\left[\sinh(\alpha\sigma)\right]^{n}\cdot\exp(-Q/RT)\quad（对于所有\ \sigma）\qquad(3.19)$$

式中，A，A_1，A_2，n，n_1，β 均为常数，其数值大小与温度无关；A 为结构因子，s^{-1}；n 为应力指数；α 为应力因子，MPa^{-1}，与钢种的化学成分有关，等于 β/n_1；Q 为热变形激活能，kJ/mol；R 为摩尔气体常数，8.3145J/(mol·K)；T 为绝对温度，K；$\dot{\varepsilon}$ 为应变速率，s^{-1}；σ 为流变应力，MPa。

式(3.17)为 σ，T，$\dot{\varepsilon}$ 在低应力水平下的关系式；式(3.18)为 σ，T，$\dot{\varepsilon}$ 在高应力水平下的关系式；式(3.19)为 σ，T，$\dot{\varepsilon}$ 在全应力水平下的关系式。

根据 Zener 和 Hollomon 的研究，材料在高温发生塑性变形时，用 Zener-

Hollomon 参数（Z 参数）来表示 $\dot{\varepsilon}$ 和 T 的关系，见式(3.2)。

金属材料，通常采用峰值应变 σ_p 来求解流变应力本构方程中的常数，计算热变形激活能以及建立本构关系。首先，确定不同应变所对应的流变应力本构方程系数，并通过建立应变与这些系数的多项式函数来修正流变应力本构方程，最终得到变形抗力模型。以 0.2 的真应变及相对应的流变应力 $\sigma_{0.2}$ 为例，确定真应变为 0.2 所对应的流变应力本构方程系数。

由式(3.17)、式(3.18)得：

$$\ln\dot{\varepsilon} = \ln A_1 + n_1\ln\sigma - Q/(RT) \tag{3.20}$$

$$\ln\dot{\varepsilon} = \ln A_2 + \beta\sigma - Q/(RT) \tag{3.21}$$

由式(3.20)、式(3.21)可知，在变形温度一定时，低应力水平下，$\ln\dot{\varepsilon}$ 与 $\ln\sigma$ 成线性关系；在变形温度一定时，高应力水平下，σ 与 $\ln\dot{\varepsilon}$ 成线性关系。所以，根据图 3.11 中的真应力、真应变绘制 $\ln\dot{\varepsilon}$ 与 $\ln\sigma$ 数据图，如图 3.12(a)所示，利用最小二乘法进行线性回归得 n_1，平均值为 16.52755971；同理，根据图 3.11 中的真应力、真应变绘制 σ 与 $\ln\dot{\varepsilon}$ 数据图，如图 3.12(b)所示，利用最小二乘法进行线性回归得 β，平均值为 0.092421142MPa^{-1}，最终得出 α 为 0.00559MPa^{-1}。

全应力水平下，采用式(3.19)计算实验钢的热变形激活能以及建立本构方程。对式(3.19)两边取对数并求偏微分，可得如下关系式：

$$Q = R\cdot\{\partial\ln\dot{\varepsilon}/\partial\ln[\sinh(\alpha\sigma)]\}|_T\cdot\{\partial\ln[\sinh(\alpha\sigma)]/\partial(1/T)\}|_{\dot{\varepsilon}} \tag{3.22}$$

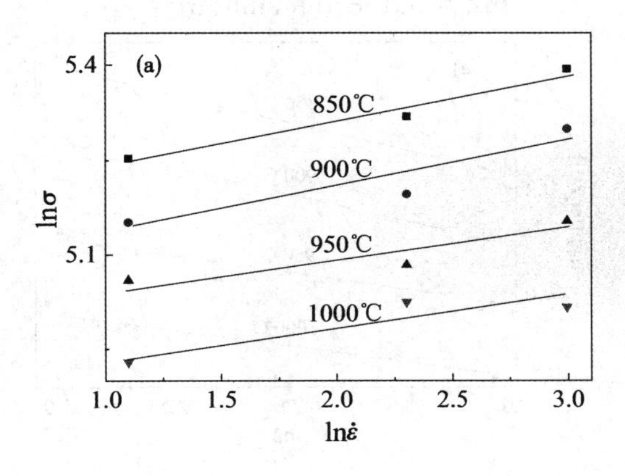

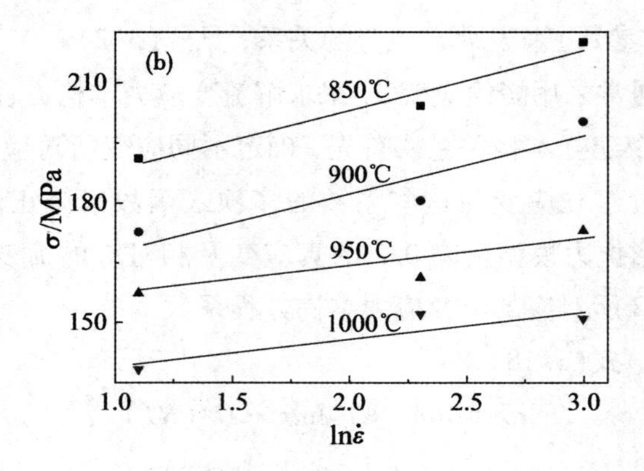

图 3.12 实验钢流变应力和应变速率的关系

(a)— $\ln\sigma - \ln\dot{\varepsilon}$；(b)— $\sigma - \ln\dot{\varepsilon}$

全应力水平下，变形温度一定时，$\ln[\sinh(\alpha\sigma)]$ 与 $\ln\dot{\varepsilon}$ 满足线性关系，根据 α 绘制 $\ln[\sinh(\alpha\sigma)]$ 与 $\ln\dot{\varepsilon}$ 关系图，如图 3.13(a)所示，并对数据点应用最小二乘法进行线性回归，得到 4 个变形温度下斜率的倒数，平均值即为 n。同理，$\ln[\sinh(\alpha\sigma)]$ 与 $1/T$ 满足线性关系，$\ln[\sinh(\alpha\sigma)]$ 与 $1000/T$ 关系如图 3.13(b)所示，斜率的平均值为 4.14532。

根据式(3.22)得 $Q = 432.6399\text{kJ/mol}$，将 Q 带入式(3.2)，得 Z 参数表达式：

$$Z = \dot{\varepsilon} \cdot \exp[432639.9/(RT)] \tag{3.23}$$

结合式(3.19)、式(3.2)，得：

$$Z = \dot{\varepsilon} \cdot \exp[Q/(RT)] = A[\sinh(\alpha\sigma)]^n \tag{3.24}$$

对式(3.24)两边取对数，得：

$$\ln Z = \ln A + n\ln[\sinh(\alpha\sigma)] \tag{3.25}$$

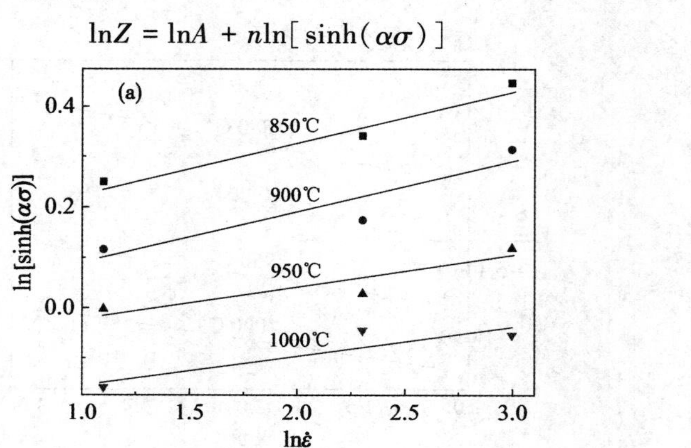

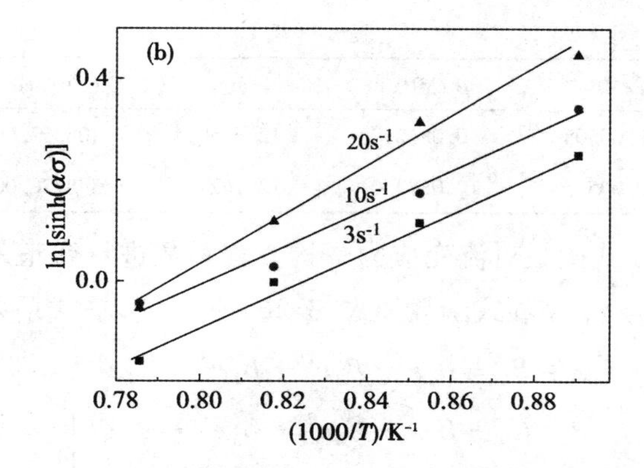

图 3.13 实验钢流变应力与应变速率和变形温度关系

(a) ln[sinh(ασ)] - $\ln\dot{\varepsilon}$; (b) ln[sinh(ασ)] - 1000/T

由式(3.25)可知，lnZ 与 ln[sinh(ασ)]之间的关系为线性关系，在这一线性关系中 lnA 为截距。因此，通过回归直线得出 lnA 为 44.10433，如图 3.14 所示。

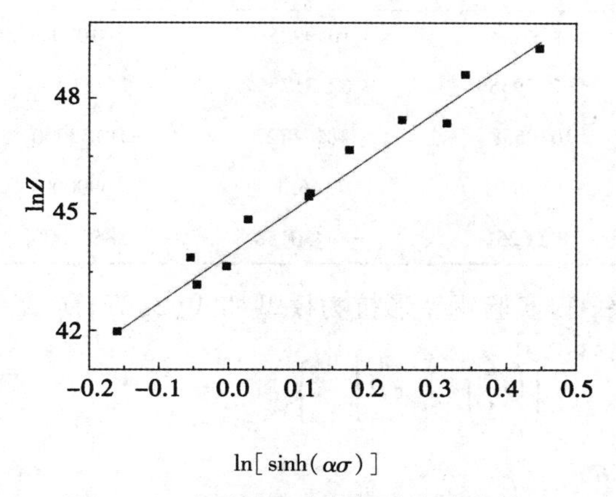

图 3.14 实验钢 Z 参数与流变应力关系

同理，计算得出不同应变所对应的流变应力本构方程系数，如表 3.1 所示。

表 3.1 不同应变下流变应力本构方程的系数

真应变	α/MPa^{-1}	β/MPa^{-1}	n	Q/(J·mol^{-1})	lnA
0.1	0.0061	0.165254	13.54012	549106.67	56.88246
0.2	0.00559	0.092421	12.22310	432639.90	44.10433
0.3	0.00524	0.078695	10.85532	344982.56	35.22095
0.4	0.00126	0.025490	19.34962	514653.00	80.99361

表3.1(续)

真应变	α/MPa^{-1}	β/MPa^{-1}	n	Q/(J·mol^{-1})	ln$A$
0.5	0.00508	0.086210	12.61501	406262.00	40.90322
0.6	0.00515	0.088250	12.76215	398778.00	39.80132

选取应变多项式函数对流变应力本构方程系数进行修正，参考相关文献，选取多项式系数为4，多项式函数如式(3.26)所示，多项式系数如表3.2所示：

$$\left.\begin{aligned}\alpha &= B_0 + B_1\varepsilon + B_2\varepsilon^2 + B_3\varepsilon^3 + B_4\varepsilon^4 \\ \beta &= C_0 + C_1\varepsilon + C_2\varepsilon^2 + C_3\varepsilon^3 + C_4\varepsilon^4 \\ n &= D_0 + D_1\varepsilon + D_2\varepsilon^2 + D_3\varepsilon^3 + D_4\varepsilon^4 \\ Q &= E_0 + E_1\varepsilon + E_2\varepsilon^2 + E_3\varepsilon^3 + E_4\varepsilon^4 \\ \ln A &= F_0 + F_1\varepsilon + F_2\varepsilon^2 + F_3\varepsilon^3 + F_4\varepsilon^4\end{aligned}\right\} \tag{3.26}$$

表3.2　α, β, n, Q, ln$A$ 的多项式系数

α	β	n	Q	ln$A$
0.0090	0.3588	10.9925	541090	59.8392
−0.0332	−2.7958	62.8173	1445100	86.8104
0.1123	10.0658	−481.1727	−18133000	−1572.0
−0.1740	−15.4601	1166.1	48699000	4441.0
0.1025	8.6625	−884.0158	−38584000	−3591.7

根据上述结果，得实验钢变形抗力模型如式(3.27)所示：

$$\left.\begin{aligned}&\sigma = \frac{1}{\alpha}\ln\left\{\left(\frac{Z}{A}\right)^{1/n} + \left[\left(\frac{Z}{A}\right)^{2/n} + 1\right]^{1/2}\right\} \\ &Z = \dot{\varepsilon}\cdot\exp(Q/RT) \\ &\alpha = 0.0090 - 0.0332\varepsilon + 0.1123\varepsilon^2 - 0.1740\varepsilon^3 + 0.1025\varepsilon^4 \\ &n = 10.9925 + 62.8173\varepsilon - 481.1727\varepsilon^2 + 1166.1\varepsilon^3 - 884.0158\varepsilon^4 \\ &Q = 541090 + 1445100\varepsilon - 18133000\varepsilon^2 + 48699000\varepsilon^3 - 38584000\varepsilon^4 \\ &\ln A = 59.8392 + 86.8104\varepsilon - 1572.0\varepsilon^2 + 4441.0\varepsilon^3 - 3591.7\varepsilon^4\end{aligned}\right\} \tag{3.27}$$

在建立变形抗力模型后，需要对其进行验证。在每条真应力-真应变曲线及对应的预测真应力-真应变曲线上等距选取10个真应力值，以实际测量值为横坐标，预测值为纵坐标，绘制散点图如图3.15所示，图中直线表示实测值等于预测值。从图中可以看出预测值偏离实测值较小。图3.15表明，变形抗力

模型式(3.27)可以较好地预测实验钢的变形抗力。

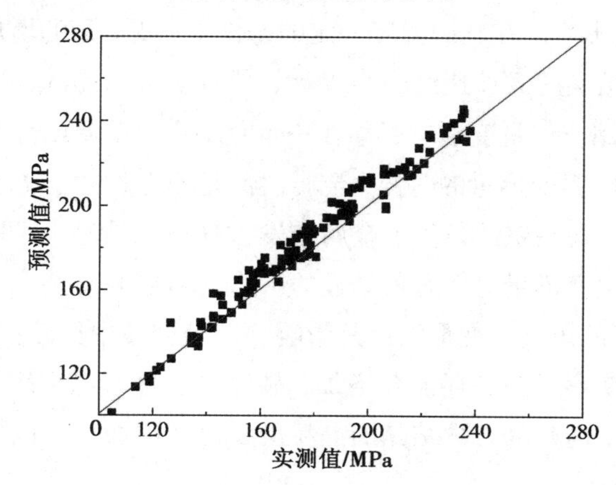

图 3.15　实验钢变形抗力预测值与实测值对比

3.4　静态再结晶及数学模型

钢材热变形时会产生加工硬化，并且在动态再结晶与动态回复过程中并不能完全被消除，这就造成了材料组织结构的不稳定性。在热加工的间隙时间里，或者在热加工后的冷却过程中，温度仍然较高，材料的组织会继续发生变化，晶粒内部就会自发地形成新的晶核并且长大，降低晶格畸变能，消除一部分的加工硬化组织，使材料的组织结构达到一个稳定的状态，这个组织变化的过程称为静态再结晶。

与动态再结晶相同，静态再结晶也是一个晶粒形核与长大的过程。其晶核的形成可分为两个部分，一部分是由于晶界之间发生严重的变形，变形的金属发生加工硬化现象，使得晶界间的畸变能增加，从而使得金属处于一种不稳定的状态，位错的密度增加，而位错的密度不是均匀分布的，所以有的地方位错会塞积，形成高位错密度区，高位错密度区的原子在畸变能的诱导下，形成再结晶的晶核；另一部分是亚晶长大而形成的，金属进行加工之后，金属中的亚晶结构会发生相邻亚晶之间的相互吞并，吞并后两个小的亚晶就会形成一个比较大的亚晶，亚晶界的界面会减小，亚晶与相邻亚晶的取向性会变大，这样会促进亚晶之间的吞并，亚晶的长大会形成静态再结晶的晶核。

在静态再结晶过程中，金属的轧制工艺对再结晶的数量、速度、晶粒尺寸影响显著。

① 变形量的影响。在轧制温度一定的条件下，变形量的增加会导致再结晶形核率增加，再结晶的成长速度也会增加，同时使再结晶的晶粒尺寸减小，起到细晶强化的作用。但是变形量必须在一个范围之内金属的静态再结晶现象才会发生。当小于临界变形量的时候，金属内部是不会发生静态再结晶的；当超过临界变形量后，在一定的条件下金属会发生静态再结晶；但是当变形量超过一定量之后，增大变形量对静态再结晶的影响就不是很大了。

② 变形温度的影响。变形温度是影响静态再结晶中比较关键的一个因素。变形温度增加，变形后的储存能会增加，晶界的迁移率也会增加，这样利于静态再结晶的发生，但是静态再结晶的晶粒尺寸也会增加。所以降低温度可以起到细化晶粒的作用。

③ 变形速度的影响。变形速度和变形温度对轧制的效果是相同的。提高变形速度，不利于静态再结晶。

④ 原始晶粒尺寸的影响。原始晶粒尺寸是影响再结晶的主要因素之一，原始晶粒尺寸的大小会影响储存能、静态再结晶晶核的形核速率以及再结晶晶粒的成长速度。减小原始晶粒尺寸，可以起到增大储存能，增加形核速度和长大速度的作用。

⑤ 变形后的停留时间的影响。静态再结晶是一个形核和长大的过程，形核和长大都需要一定的时间，所以变形后停留的时间越长，静态再结晶的数量越多，晶粒尺寸越大。

静态再结晶从开始到全部结束是一个过程。在此过程中，多采用双道次变形实验来测定静态再结晶率(X_s)，方法主要有补偿法、后插法、5%全应变法和平均流变应力法等几种。其中补偿法有0.2%和2%补偿法两种。采用0.2%补偿法计算得到的X_s，反映的是静态回复和静态再结晶的综合作用效果；采用2%补偿法，能很好地排除静态回复对软化的影响，反映的只是静态再结晶所起的软化作用，用该方法计算的软化率与静态再结晶率比较一致。以2%补偿法计算软化率，计算公式如下：

$$X_s=(\sigma_m-\sigma_r)/(\sigma_m-\sigma_0) \tag{3.28}$$

式中，σ_m为第一次卸载时对应的应力值；σ_0和σ_r分别为第一道次和第二道次热变形时的屈服应力。两次变形的屈服应力均定义为产生0.02真应变永久变形时对应的应力值。软化率计算示意图如图3.16所示。

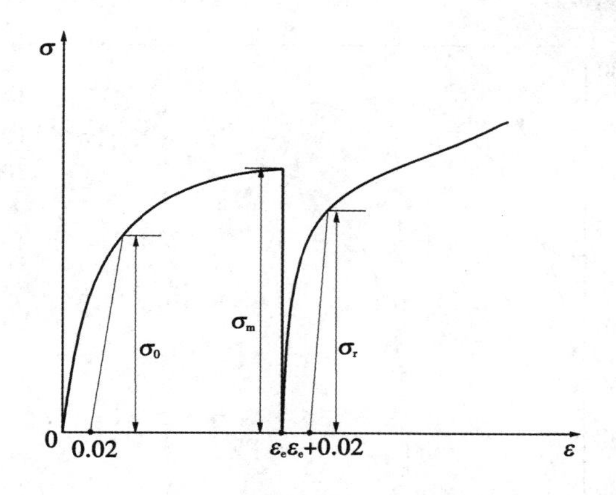

图 3.16　软化率计算示意图

3.4.1　双道次压缩软化率曲线及静态再结晶组织演变

在进行双道次压缩实验时，利用采集的数据绘制真应力-真应变曲线，通过观察真应力-真应变曲线的类型、特点，分析压缩过程中的参数对静态再结晶的影响。图 3.17 给出了含 Nb 高强船板钢在 1000℃变形，预应变 0.2 时得到的真应力-真应变曲线。

在双道次轧制实验或者多道次轧制实验中，第一道次真应力-真应变曲线呈现的是加工硬化型的特点。在热加工过程中，加工硬化和软化处于动态平衡。变形量的增加使金属产生加工硬化，位错密度增加，使金属处于不稳定的状态，同时较高的温度又使位错运动的势能增加，所以在两次加工的间隙时间内，变形后的金属发生静态回复和静态再结晶，使金属处于更稳定的状态，产生软化现象。

由曲线走向可以看出，在变形温度、变形速度、卸载时变形程度等相同时，压缩道次间歇停留时间越久，静态再结晶百分数越大。其原因首先是金属在变形后停留的时间里，首先发生的是一个回复的过程，由于变形储存的能量是慢慢地一步一步释放出来的，直到开始发生再结晶；其次，再结晶是一个形核和长大的过程，需要一定的时间才能完成。如果道次间隔停留时间过短，静态再结晶处于一个形核阶段，很多再结晶晶核尚未能生长成再结晶晶粒。随着双道次间隔时间的延长，发生静态再结晶的比例会逐渐增大，减弱组织中加工硬化现象的效果更加明显。

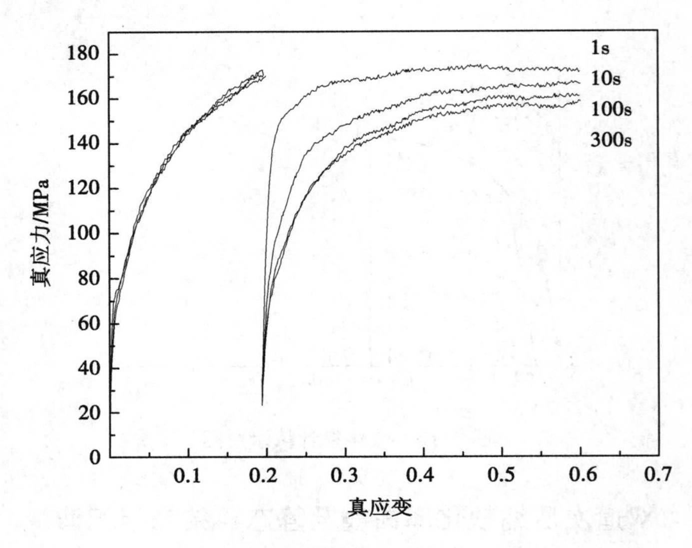

图 3.17　双道次变形的真应力-真应变曲线

变形温度 1000℃，预应变 0.2

图 3.18 给出了实验钢在不同变形温度下，预应变 0.2 时所得的静态再结晶软化率曲线。可以看出，实验钢在较高温度(1050℃和 1000℃)变形时，静态再结晶很快完成。在 970℃变形时，软化率曲线出现平台，这是由于微合金元素在变形后的等温过程中发生了应变诱导析出行为，抑制了再结晶的进程。曲线上平台的开始点和结束点分别对应应变诱导析出的开始和结束时间。变形温度较低时(低于 940℃)，静态再结晶过程缓慢，并且等温 300s 也不能完全再结晶。

从实验钢在不同温度下的软化率曲线可以看出，在静态再结晶过程中，随着变形温度增加，软化量会逐渐增大。当静态再结晶的储存能达到再结晶激活能的时候，开始发生再结晶。温度越高，金属具有的能量越大，越容易达到激活能的能量。静态再结晶属于金属的软化机制，当静态再结晶程度增大，软化的分数也就会增大。同时，温度升高，静态再结晶的形核过程将会加快，静态再结晶的形核加快会增加静态再结晶的速度，所以软化的速度将会增加。静态再结晶是一个晶粒形核与长大的过程，这需要一定的时间来完成，所以两个道次的间隔时间越长，静态再结晶会完成得更加充分。

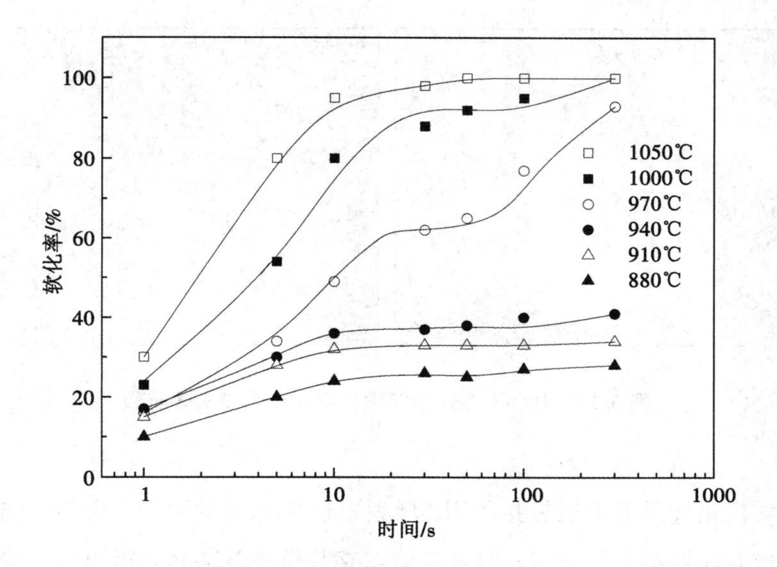

图 3.18　实验钢不同变形温度下软化率曲线

当变形温度很高时，较高的等温温度能够促进晶界迁移和位错运动，静态回复加快。且静态再结晶形核率和长大速率均随温度呈指数增加，使得回复再结晶过程大大加快。因此，较高的温度能够促进静态再结晶过程的进行。当变形温度降低时，钢中的微合金元素会发生应变诱导析出行为。细小的碳氮化物能够阻碍位错和晶界的移动，抑制甚至终止静态再结晶。这时软化率曲线出现平台。随着待温时间的延长，析出结束，静态再结晶继续进行。当变形温度更低时，静态再结晶难以进行。

在 1000℃变形后，等温不同时间所得奥氏体组织如图 3.19 所示。1000℃预应变 0.2 并等温 1s 后，粗大的奥氏体组织周围有细小的再结晶晶粒存在，这说明奥氏体组织发生了部分再结晶，如图 3.19(a)所示。在 1000℃等温 10s 后，奥氏体晶粒大小较为均匀，静态再结晶过程基本完成，如图 3.19(b)所示。

3.4.2　静态再结晶激活能的确定

静态再结晶激活能与动态再结晶激活能一样，是一个常量，是一个反映静态再结晶过程的重要参数，主要受到钢自身化学成分和组织的影响，与加工时的变形条件没有关系。例如含钒合金钢，由于钢中的微合金元素钒在热变形过程中，容易形成含钒微合金碳氮化物。在热变形和冷却过程中，微合金碳氮化

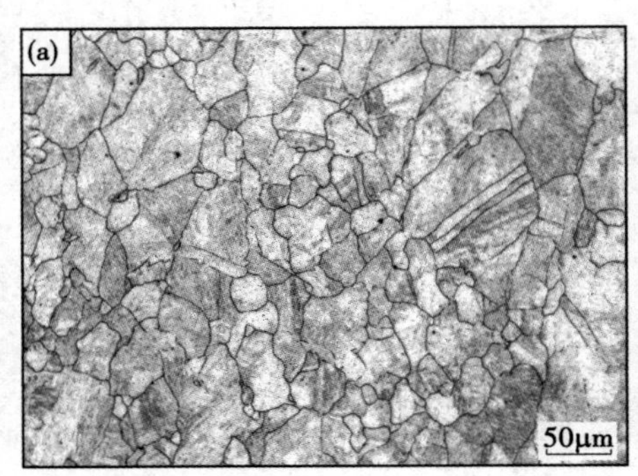

图 3.19　1000℃变形后等温不同时间的奥氏体组织

(a)—$t=1$s；(b)—$t=10$s

物容易对位错和晶界形成钉扎作用，增大了位错运动的阻力，所以位错进行运动的时候就需要更大的能量，即发生动态或者静态再结晶变得更加困难。含钒微合金钢的静态再结晶激活能比一般的中碳钢的激活能要大一些。

静态再结晶激活能通常依据软化率曲线中出现50%再结晶的时间来确定。静态再结晶激活能与静态软化率达到50%的时间 $t_{0.5}$ 之间的关系可以表示为：

$$t_{0.5} = A\varepsilon^{p}\dot{\varepsilon}^{q}D_0^{s}\exp(Q_{rex}/RT) \tag{3.29}$$

式中，$t_{0.5}$ 为奥氏体发生50%再结晶对应的时间，s；Q_{rex} 为静态再结晶激活能，J/mol；R 为气体常数，J/(mol·K)；T 为绝对变形温度，K；D_0 为原始奥氏体晶粒尺寸，μm；ε 为应变；$\dot{\varepsilon}$ 为应变速率，s^{-1}；A，p，q 和 s 为常数。

对式(3.29)两边取对数得：

$$\ln t_{0.5} = \ln A + p\ln\varepsilon + q\ln\dot{\varepsilon} + s\ln D_0 + Q_{rex}/RT \tag{3.30}$$

研究结果表明，静态再结晶激活能 Q_{rex} 主要受材料自身因素的影响，与变形条件(ε，$\dot{\varepsilon}$，T)基本无关。因此，由式(3.30)可知，$\ln t_{0.5}$与 $1/T$ 成线性关系，直线斜率即 Q_{rex}/R 。图3.20给出了实验钢 $\ln t_{0.5}$与 $1000/T$ 之间的关系。经线性回归后，最终确定实验钢的静态再结晶激活能为308kJ/mol。

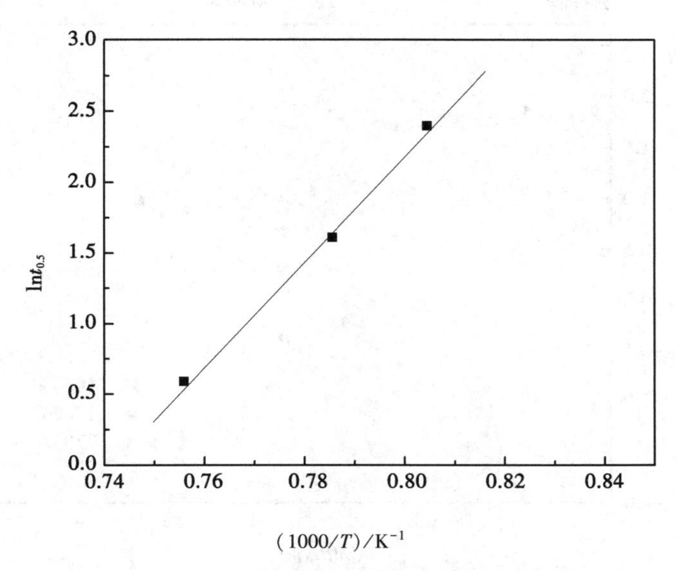

图 3.20　实验钢 $\ln t_{0.5}$与 $1000/T$ 之间的关系

3.4.3　静态再结晶数学模型

静态再结晶对金属的组织演变和最终的组织性能有重要影响，因此，国内外一些著名的专家对它进行了多年的研究，将其作为金属热加工过程中发生的重要的物理冶金学现象之一。目前，采用 Avrami 方程表征静态再结晶体积分数，是研究奥氏体区静态再结晶动力学的主要方法之一。本节详细介绍静态再结晶数学模型的建立过程。

静态再结晶动力学曲线遵循 Avrami 方程：

$$X_s = 1 - \exp\left[-0.693\left(\frac{t}{t_{0.5}}\right)^n\right] \tag{3.31}$$

式中，X_s为静态再结晶软化率；n 为材料常数；$t_{0.5}$为静态再结晶达到 50%时所需的时间；t 为保温时间。

对式(3.31)两边取两次自然对数得：

$$\ln\ln[1/(1-X_s)] = n\ln(t/t_{0.5}) + \ln 0.693 \tag{3.32}$$

从式(3.32)中可以看出，$\ln\ln[1/(1-X_s)]$ 与 $\ln(t/t_{0.5})$ 之间成线性关系，直线的斜率为 n。采用静态再结晶分数和 $t_{0.5}$的实测数据回归得到 $\ln\ln[1/(1-X_s)]$ 与 $\ln(t/t_{0.5})$ 的关系曲线，如图 3.21 所示。

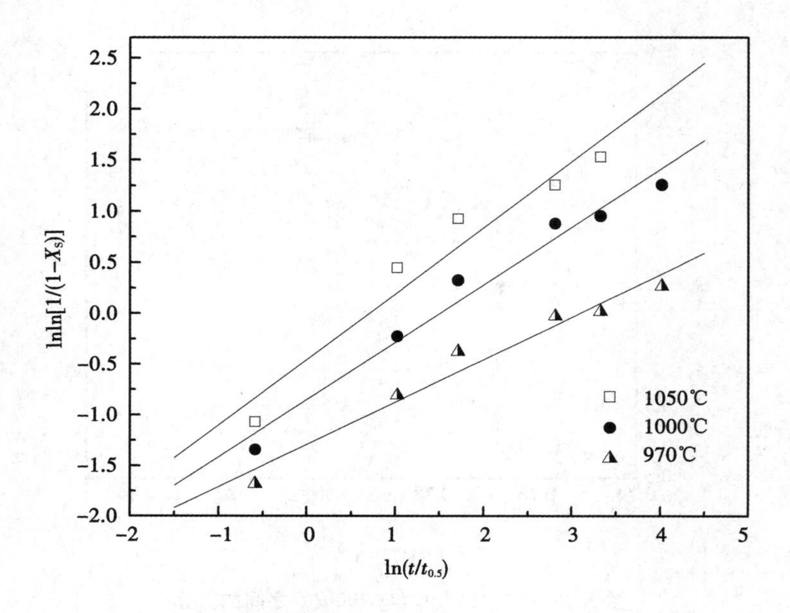

图 3.21　实验钢 $\ln\ln[1/(1-X_s)]$ 与 $\ln(t/t_{0.5})$ 的关系

从图 3.21 中可以看出，实验钢的 n 值与变形温度有关。随着变形温度的降低，n 值逐渐减小。

n 值与温度之间的函数关系可用 Arrhenius 方程来表示：

$$n = A_n \exp(-Q_n/RT) \tag{3.33}$$

式中，T 为绝对温度；A_n 为材料常数；Q_n 为表观激活能。经线性回归可确定 A_n 和 Q_n 的值分别为 71.9 和 49800J/mol。回归后得到 n 值的表达式：

$$n = 71.9\exp(-49800/RT) \tag{3.34}$$

3.5　未再结晶温度的确定

在工业生产过程中，为了在轧制过程中避开部分再结晶区，从而有效避免混晶现象的发生，未再结晶温度 T_{nr} 的确定是非常重要的。目前多采用扭转或多道次压缩实验来确定未再结晶温度，这里以六道次压缩实验为例，介绍 X70 管线钢未再结晶温度的确定过程。六道次压缩实验在热模拟机上进行，具体方案为：将热模拟试样以 20℃/s 的速度加热到 1200℃，保温 3min，然后以 10℃/s 的冷却速度冷却到 1025℃进行第一道次压缩，再以 2.5℃/s(5℃/s、10℃/s)的冷却速度冷却到1000℃进行第二道次压缩，随后以2.5℃/s(5℃/s、10℃/s)的冷却速度冷却到975℃进行第三道次压缩变形……以此类推，最后冷却到900℃进行第六道次压缩。每道次变形的真应变均为0.163，应变速率均为$1s^{-1}$，道次间隔期间的冷却速度均相同，每增加一道次压缩变形，变形温度降低25℃，记录试样六道次变形过程中的真应力-真应变曲线。图3.22给出了X70管线钢进行六道次压缩实验测得的真应力-真应变曲线。

未再结晶温度T_{nr}的确定方法为：在T_{nr}以上温度变形时，奥氏体将会进行回复与再结晶；在T_{nr}以下变形时，不再发生奥氏体的回复与再结晶，应变将会累积，并产生位错、孪晶等，作为新相的形核质点。

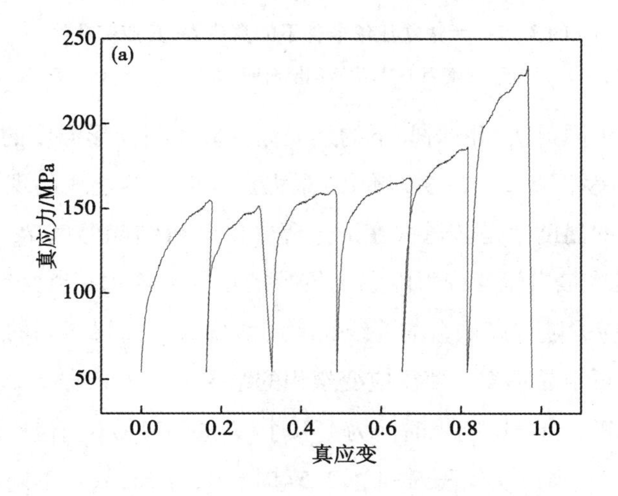

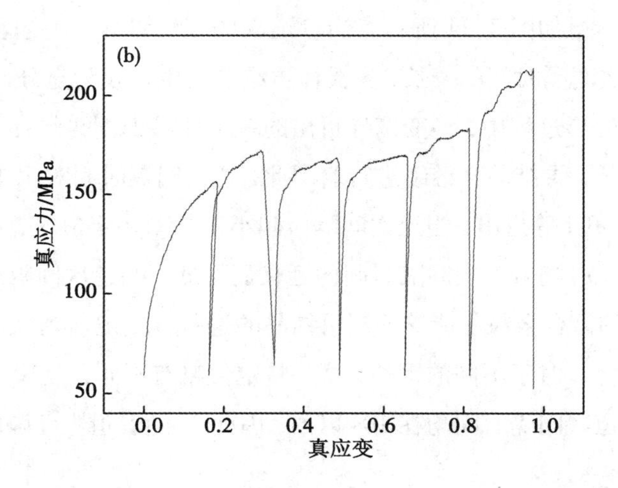

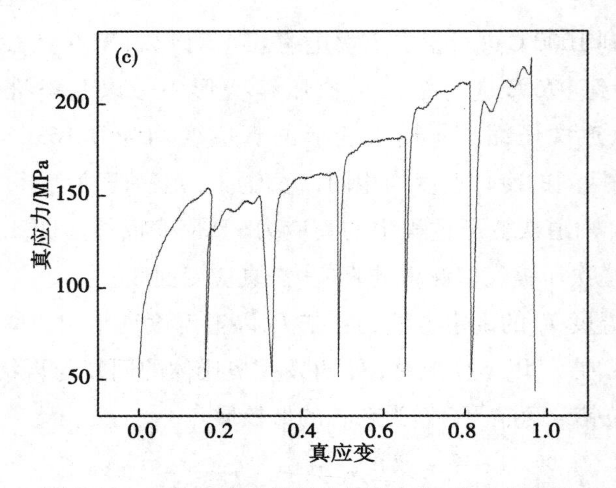

图 3.22　六道次压缩条件下的真应力-真应变曲线

真应变为 0.163；变形速度为 $1s^{-1}$；道次间隔时间：(a)—10s；(b)—5s；(c)—2.5s

实验钢在不同道次间隔时间下的最大流变应力与变形温度的关系曲线，如图 3.23 所示。从图 3.23 中可以看出，最大流变应力的连线出现一个拐点。拐点位置所对应的温度就是多道次变形过程中的未再结晶温度 T_{nr}。当变形温度高于 T_{nr}时，道次最大流变应力随温度倒数的增大而增大；当变形温度低于 T_{nr}时，平均流变应力随温度倒数的连线斜率明显增大。曲线斜率的增大是变形后道次间的静态再结晶不充分使得应变累积的结果。

对于实验钢，当道次间隔时间为 10s 时，T_{nr}为 931℃；当道次间隔时间为 5s 时，T_{nr}为 934℃；当道次间隔时间为 2.5s 时，T_{nr}为 965℃。不同道次间隔时间下，T_{nr}的变化情况如图 3.24 所示。当各道次的变形参数(应变速率、变形量)相同时，随道次间隔时间的变长，奥氏体再结晶发生得较为充分，T_{nr}也就更低。

在多道次变形过程中，形变诱导析出的粒子能够抑制再结晶。但随着道次间隔时间的延长，再结晶会继续进行。因此，道次间隔时间对 T_{nr}的影响规律比较复杂。D. Q. Bai 等指出，当道次间隔时间小于某一特定值时，微合金很难在该时间内析出，T_{nr}随着道次间隔时间的延长而降低。当道次间隔时间大于该特定值时，析出的微合金粒子能够抑制再结晶的进行，T_{nr}随着道次间隔时间的延长先升高再降低。对于不同的钢种，这一特定值略有不同，但基本落在 12~15s 内。本实验的道次间隔时间均在 10s 以内，因此 T_{nr}随着道次间隔时间的延长而降低。

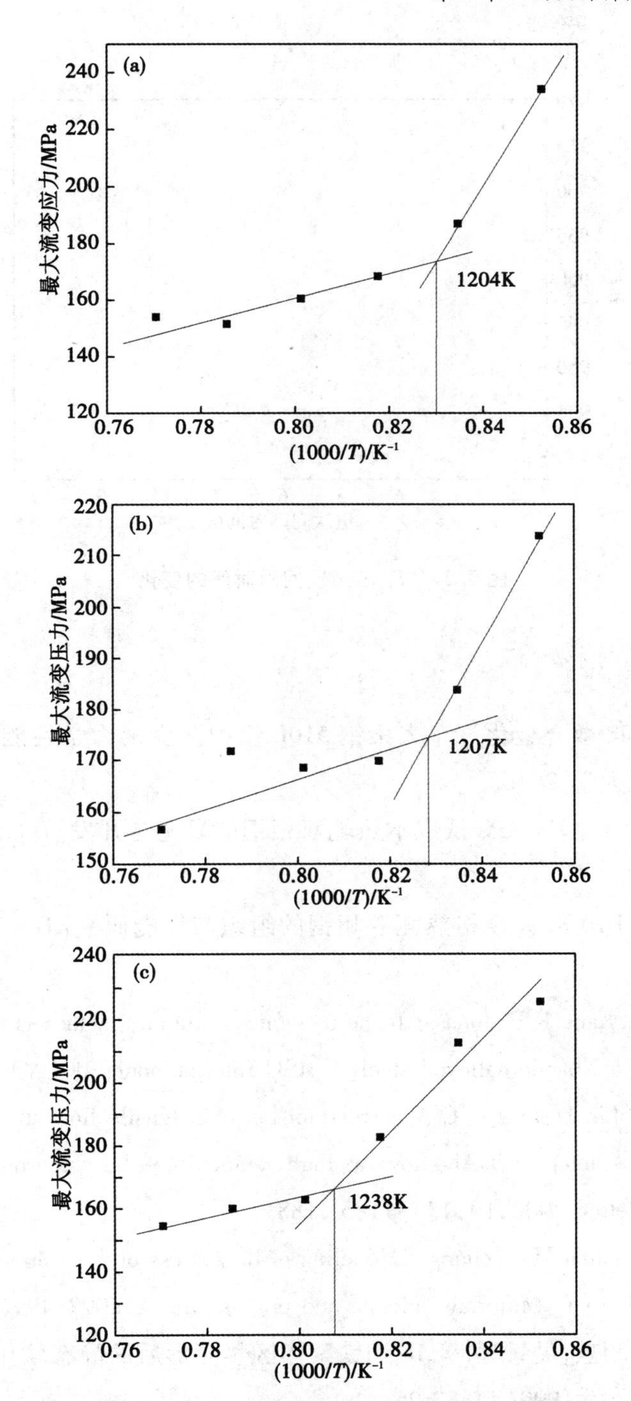

图 3.23　实验钢最大流变应力随变形温度的变化

真应变为 0.163；变形速度为 $1s^{-1}$；道次间隔时间：(a)—10s；(b)—5s；(c)—2.5s

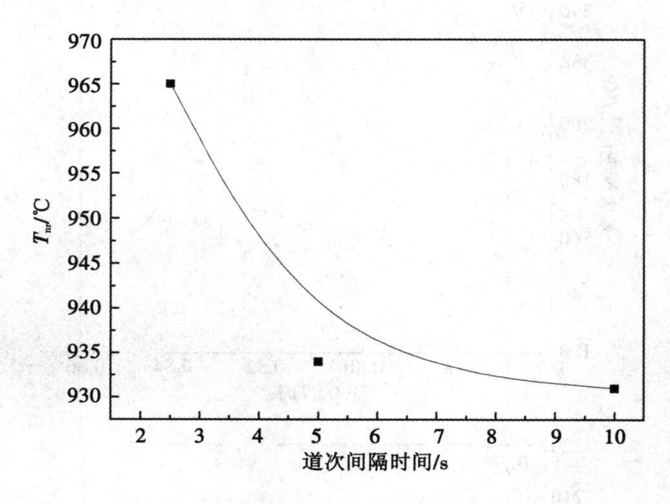

图 3.24　T_{nr}随道次间隔时间的变化

参考文献

[1]　陈其源.Ti 微合金化汽车大梁钢 510L 组织演变及力学性能研究[D].沈阳:东北大学,2016.

[2]　利成宁.500~700MPa 低成本热轧双相钢的研究与开发[D].沈阳:东北大学,2012.

[3]　杨春宇.DP590 薄规格热轧双相钢的组织与性能研究[D].沈阳:东北大学,2018.

[4]　Cho S H,Kang K B,Jonas J J.The dynamic,static and metadynamic recrystallization of a Nb-microalloyed steel[J].ISIJ International,2001,41(1):63-69.

[5]　Wang Y,Lin D,Law C C.A correlation between tensile flow stress and Zener-Hollomon factor in TiAl alloys at high temperatures[J].Journal of materials science letter,2000,19(13):1185-1188.

[6]　Lin Y C,Chen M S,Zhang J.Modeling of flow stress of 42CrMo steel under hot compression[J].Materials science and engineering A,2009,499(1):88-92.

[7]　赵昆,王昭东,吴景晖,等.IF 钢铁素体区热变形后的静态软化行为[J].钢铁研究学报,1999(4):22-25.

[8]　曲锦波,王昭东,刘相华,等.控轧含 Nb 钢板未再结晶温度 T_{nr}的模拟计算

[J].材料科学与工艺,1997(4):92-94.
[9] 徐少华.超快冷对315MPa级船板钢组织性能的影响研究[D].沈阳:东北大学,2013.
[10] 杨浩.超快冷条件下含Nb高强船板钢的组织性能调控[D].沈阳:东北大学,2016.
[11] 马良宇.节约型X70级管线钢组织演变及力学性能研究[D].沈阳:东北大学,2016.
[12] Laasraoui A, Jonas J J. Prediction of steel flow stresses at high temperatures and strain rates[J]. Metallurgical transactions A, 1991, 22(7): 1545-1558.
[13] Laasraoui A, Jonas J J. Recrystallization of austenite after deformation at high temperatures and strain rates: analysis and modeling[J]. Metallurgical transactions A, 1991, 22(1): 151-160.
[14] Dutta B, Sellars C. Effect of composition and process variables on Nb (C, N) precipitation in niobium microalloyed austenite [J]. Materials science and technology, 1987, 3: 197-207.
[15] Medina S F, Mancilla J E. Determination of static recrystallization critical temperature of austenite in microalloyed steels [J]. ISIJ International, 1993, 33 (12): 1257-1264.
[16] Uranga P, Fernandez A, Lopez B, et al. Transition between static and metadynamic recrystallization kinetics in coarse Nb microalloyed austenite[J]. Materials science and engineering A, 2003, 345(1/2): 319-327.
[17] Medina S F. The influence of niobium on the static recrystallization of hot deformed austenite and on strain induced precipitation kinetics[J]. Scripta metallurgica et materialia, 1995, 32(1): 43-48.
[18] Medina S F, Quispe A. Improved model for static recrystallization kinetics of hot deformed austenite in low alloy and Nb/V microalloyed steels[J]. ISIJ International, 2001, 41(7): 774-781.
[19] Medina S F, Quispe A, Valles P, et al. Recrystallization—precipitation interaction study of two medium carbon niobium microalloyed steels[J]. ISIJ International, 1999, 39(9): 913-922.
[20] 赵昆,王昭东,吴景晖,等.IF钢铁素体区热变形后的静态软化行为[J].钢

铁研究学报,1999,11(4):22-25.

[21] Siwecki T.Modelling of microstructure evolution during recrystallization controlled rolling[J].ISIJ International,1992,32(3):368-376.

第4章　微合金钢中的析出行为

钢铁结构材料中最具活力和创造性、发展最快的是低合金高强度钢，特别是微合金钢。在钢中添加微量的合金化元素(Nb，V，Ti等)，形成相对稳定的碳化物和氮化物，从而在钢中产生晶粒细化和析出强化等效果的钢被称为微合金化钢。这类钢由于使用的合金元素不多，钢的生产成本增加少，却能大大改善钢的性能，因此受到重视并被广泛应用。

“微合金”的意思是这些元素的含量相当低，合金元素总量通常低于0.1%。和其他合金元素相比，合金含量不同，其特有的冶金效果也不同，合金元素主要影响钢的基体，而微合金元素除了对溶剂的拖拽牵制效应，还通过第二相的析出影响显微组织，在低温时起到析出强化的作用。

在控制轧制中使用最多的微合金化元素是Nb，V，Ti，有时还包括B，Al，Cu，Cr，Mo及Re。这些元素在元素周期表中的位置比较接近，与C，N都有较强的结合力，形成碳化物、氮化物及碳氮化物。钢在加热时，Nb，V，Ti微合金化元素的碳、氮化物会随温度的升高而逐渐溶解到奥氏体中；钢在冷却时，它们在奥氏体中的溶解度会随温度的降低而减小，从而大量析出。细小弥散析出的粒子能对钢的性能起到很好的改善作用。

一般来说，钢中添加的Nb，V，Ti等微合金元素对奥氏体晶粒细化、再结晶行为、位错密度、$\gamma \to \alpha$的相变速度等都产生了不同的影响。Ti的氮化物是在较高温度下形成的，并且实际上不溶入奥氏体，故这种化合物只是在高温下起抑制晶粒长大作用。V的碳氮化物在奥氏体区内几乎完全固溶，因此对控制奥氏体晶粒长大不起作用，V的碳氮化物仅在$\gamma \to \alpha$转变过程中或之后析出，产生析出强化。Ti的碳化物或Nb的碳氮化物既可在奥氏体较高温度区域内溶解，也可在低温下重新析出；既可以在高温下起控制奥氏体晶粒的作用，在低温析出，也可以产生析出强化的作用。

4.1 铌微合金化技术

4.1.1 铌微合金化技术概述

20 世纪 30 年代，美国开始通过在钢中添加铌以提高低碳钢的强韧性。由于其资源少、价格高，20 世纪 50 年代以前并没有得到广泛应用，仅作为战略储备物资。20 世纪 50 年代后，由于巴西铌矿大规模开采，使得铌的价格降低，又加上美国解除铌战略储备物资的封锁，使得含铌的微合金钢被广泛开发并应用于工业生产中。美国大湖钢铁厂率先将铌微合金钢推向市场，从结果来看，铌微合金钢具有良好的力学性能、成型性和焊接性。

铌微合金钢的用途广泛，铌元素的添加不仅可以改进工艺、降低成本，而且能够大幅度提高钢材的力学性能和使用性能。基于此，铌微合金钢在各个级别的管线钢、汽车结构用热轧或冷轧 HSLA、热轧机械结构用钢等领域有着不可替代的作用。借助铌微合金化，结合降碳、控轧控冷等手段，使管线钢 30 年内强度由 300MPa 级提高到 700MPa 级，冲击功由 30J 提高到 200J 以上，韧脆转变温度由 0℃下降到-45℃。汽车结构件中添加铌元素不仅能够细化晶粒，提高力学性能，而且汽车热轧薄板中的固溶铌还能提高二次冷加工脆性、深加工性能等。

钢材中添加万分之一的铌就能够起到显著细化晶粒的作用，细化晶粒是唯一既能提高强度又能提升韧性的方法，从而显著提高钢材的强韧性。因此，铌的细晶作用机理及合理的工业化控制成为铌微合金技术的研究重点。轧制过程中奥氏体组织的控制对最终铌微合金钢晶粒大小产生巨大影响，因此，通过研究铌对奥氏体长大/再结晶过程的影响规律、铌的固溶、析出与铁素体相变的耦合关系、Nb(C，N)析出的沉淀强化机理等，可确定铌在热连轧生产过程各个阶段的作用机理和控制方法。研究结果和生产经验表明，铌微合金钢连铸时，钢材中微细的析出物可能会导致铸坯表面在弯曲和随后的矫直过程中产生横向裂纹等质量问题。因此，优化连铸冷却工艺，避免板坯边部和表面温度落入高温塑性低谷区成为研究铌微合金化技术的另一个重点。铌微合金钢控轧控冷时，形变诱导析出的细小 Nb(C，N)是抑制奥氏体再结晶细化晶粒的主导因素，其析出量的多少并不是由钢中总的铌含量决定的。因此，控制轧制前粗大 Nb(C，

N)的析出，减少无效铌的消耗，成为将铌微合金化技术合理应用于板带连轧过程的关键技术。另外，由于板带轧制过程本身的生产特点，铌微合金钢生产过程中需要进行奥氏体再结晶区和未再结晶区两阶段轧制，而在这两阶段之间进行的不完全再结晶区轧制时极容易造成混晶，使原始奥氏体晶粒粗大不均，进而导致成品钢材性能的不可靠性。如何较好地将两阶段加以区分，有效利用铌阻碍奥氏体再结晶细化晶粒成为铌微合金化技术应用的又一个技术要点。

4.1.2 Nb(C，N)在奥氏体中的析出

4.1.2.1 Nb(C，N)在奥氏体中的析出开始及结束时间

Dutta 和 Sellars 建立了析出孕育期(析出发生5%时所对应的时间)模型，如公式(4.1)所示：

$$t_{0.05}=A[\mathrm{Nb}]^{-1}\varepsilon^{-1}Z^{-0.5}\exp\frac{Q_{\mathrm{d}}}{RT}\exp\frac{B}{T^{3}(\ln k_{\mathrm{s}})^{2}} \tag{4.1}$$

式中，A，B 为常数，这里分别取 3×10^{-6} 和 2.5×10^{10}；ε 为所施加的应变；Z 为 Zener-Hollomon 参数；Q_{d}为 Nb 钢的扩散激活能，J/mol；T 为变形时的温度，K；k_{s}为过饱和率。Zener-Hollomon 参数采用式(4.2)进行计算：

$$Z=\dot{\varepsilon}\exp(325000/RT_{\mathrm{def}}) \tag{4.2}$$

式中，T_{def}为变形温度，K。过饱和率 k_{s}可由式(4.3)求出：

$$k_{\mathrm{s}}=\frac{-6770/T_{\mathrm{rh}}+2.26}{-6770/T_{\mathrm{def}}+2.26} \tag{4.3}$$

式中，T_{rh}为奥氏体化温度，K。

析出动力学曲线可以用 Avrami 方程来表示：

$$X=1-\exp(-Bt^{n}) \tag{4.4}$$

当析出分数为 5%和 95%时分别对应析出开始时间 $t_{0.05}$和析出结束时间 $t_{0.95}$。将 $X=0.05$ 和 $X=0.95$ 分别代入式(4.4)，联立可得到两者的关系为：

$$t_{0.95}=\left(\frac{\ln 0.05}{\ln 0.95}\right)^{1/n}t_{0.05} \tag{4.5}$$

式中，n 为常数。

根据上述模型可以得到 Nb(C，N)在 C-Mn-Nb 钢奥氏体中的析出温度-时间曲线(PTT 曲线)，如图 4.1 所示。从图中可以看出，实验钢的 PPT 曲线呈 C

形。Nb(C，N)的析出具有一个最快析出温度，鼻子点温度为910~930℃。

Nb(C，N)在奥氏体中的析出孕育期随着变形温度的降低先缩短后延长。这主要是由析出驱动力和扩散速度竞争所引起的。当等温温度在鼻尖温度以上时，析出相原子具有较高的扩散速度，但是较低的过冷度使得Nb(C，N)的析出驱动力较低，因此延长了析出所需时间。在鼻子区以下，虽然具有较大的析出驱动力，但是较低的温度导致析出相原子扩散速度降低，同样增加了析出所需时间[3]。

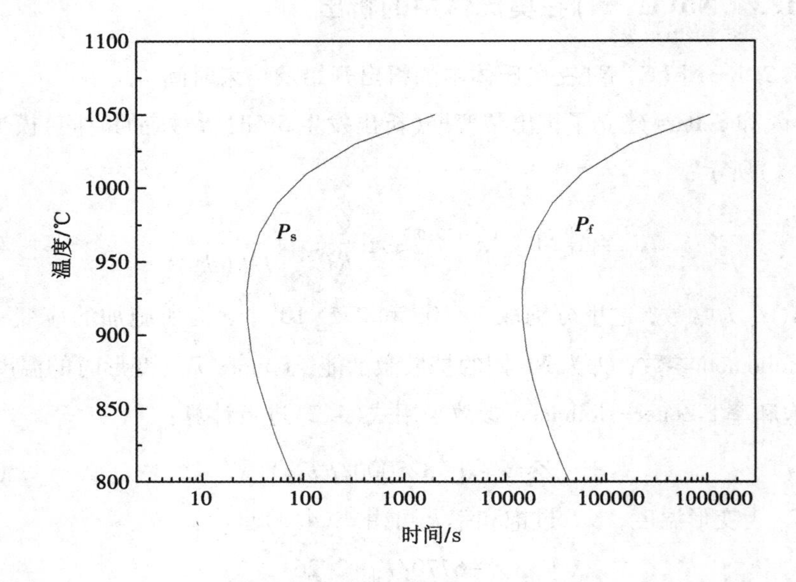

图4.1　Nb微合金化钢的PTT曲线

4.1.2.2　Nb(C，N)在奥氏体中的析出规律

图4.2为C-Mn-Nb钢在910℃等温不同时间后淬火的TEM形貌。从图4.2(a)中可以看出，实验钢在910℃等温1s后淬火的试样中未观察到析出粒子，说明此时形变诱导析出尚未开始。当等温10s时，可以观察到少量的析出粒子分布在基体上。当等温30s时，析出粒子的数量开始增多。由于等温10s后的析出粒子数量较少，而等温30s后析出粒子的数量开始明显增加，因此，应变诱导析出的开始时间应该在10~30s。等温时间延长至300s时，基体上出现了大量的细小析出物。析出粒子的尺寸基本在10~15nm，并且随着等温时间的延长析出粒子的尺寸粗化不明显。

图4.3为实验钢在850℃等温不同时间的析出物形貌。通过能谱分析，析

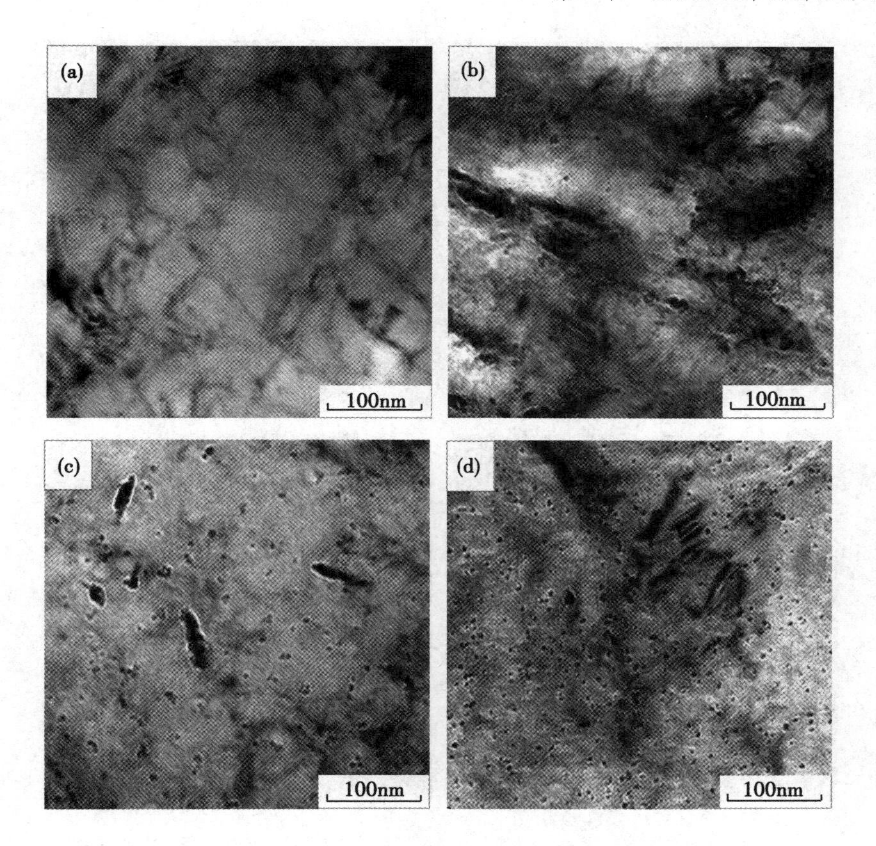

图 4.2　C-Mn-Nb 钢 910℃等温不同时间下淬火试样的 TEM 形貌

(a)—1s；(b)—10s；(c)—30s；(d)—300s

出物的成分为 Nb 的碳氮化物。从图 4.3(a)中可以看出，实验钢在 850℃等温 1s 时，基体上未观察到明显的析出粒子。此时，形变诱导析出行为还未开始。等温 30s 后，在基体上可以看到有极少量的析出粒子出现。等温 100s 后，基体中开始出现一定量的析出粒子。当等温时间延长至 300s 时，析出粒子的数量略有增加，并且析出粒子的尺寸也随着等温时间的延长略有增大。

通过透射观察可以看出，实验钢在 910℃等温时的析出开始时间在 10~30s 之间，在 850℃等温时的析出开始时间在 30~100s 之间。根据式(4.1)的计算，910℃等温时，Nb(C，N)的析出开始时间大约为 27s，850℃等温时的析出开始时间大约为 41s。可以看出，计算结果与实验观察得到的结果基本一致。因此，式(4.1)能够对实验钢在奥氏体中的析出控制提供较为精确的理论指导。

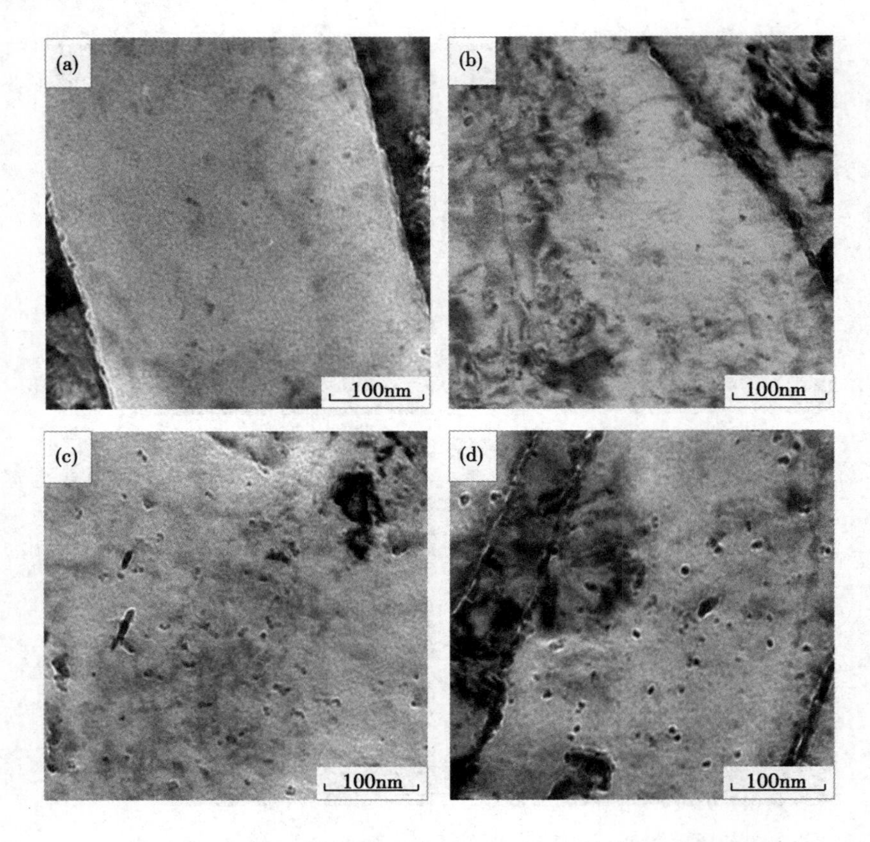

图 4.3　实验钢 850℃等温不同时间下淬火试样的 TEM 形貌

(a)—1s；(b)—30s；(c)—100s；(d)—300s

4.1.3　Nb(C，N)在连续冷却条件下的析出

在微合金钢的控制轧制过程中，钢坯一直处于连续冷却状态，微合金元素的碳氮化物也会在连续冷却过程中析出。明确 Nb 微合金化钢连续冷却条件下的析出行为有着非常重要的意义。

4.1.3.1　Nb(C，N)的连续冷却析出曲线

连续冷却析出(continuous cooling precipitation，CCP)曲线可以采用可加性法则来计算，即将连续冷却析出处理成微小的等温析出之和。当满足式(4.6)时，达到连续冷却析出的开始温度。

$$\sum_{i=1}^{n} \frac{\Delta t_i}{\tau_0(T_i)} = 1 \tag{4.6}$$

式中，Δt_i 为冷却过程中在温度 T_i时的等温时间，s；$\tau_0(T_i)$ 为在温度 T_i时的反应

开始时间，s。

图 4.4 为不同冷却开始温度条件下的 CCP 和 PTT 曲线。

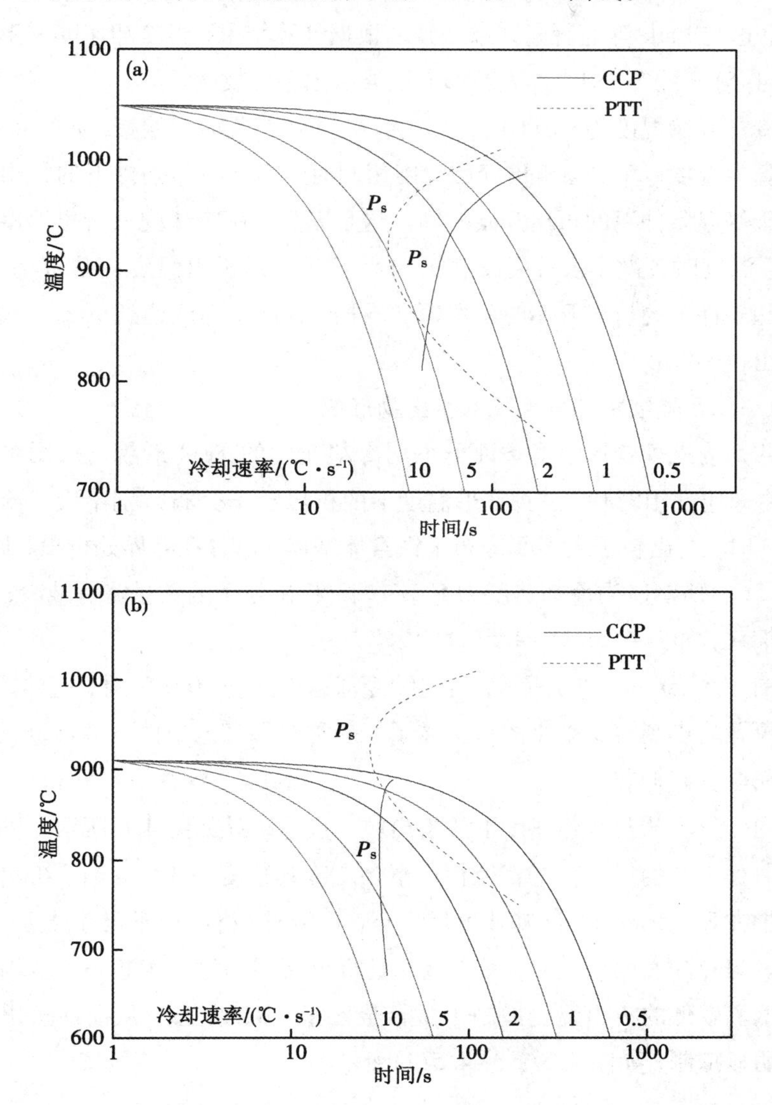

图 4.4　Nb 微合金化钢不同冷却开始温度条件下的 CCP 和 PTT 曲线

(a)—1050℃；(b)—910℃

当冷却开始温度为 1050℃时，实验钢的 CCP 曲线向右偏移，如图 4.4(a) 所示。在 PTT 曲线鼻尖温度以上，CCP 曲线与 PPT 曲线类似。但连续冷却条件下的析出开始时间要大于等温条件下的析出开始时间。这主要是因为在连续冷却过程中，微合金元素析出需要较高的过冷度，且析出所需的过冷度随着冷却速度的增加而增加。在PTT鼻尖温度以下，CCP曲线与PTT曲线有着较大的区别，这与Park等的研究结果一致。根据计算结果，当冷却速度大于10℃/s时，式(4.6)不能等于1，这表明形变诱导析出不能发生。

当冷却开始温度为910℃时，实验钢的CCP曲线向下偏移，如图4.4(b)所示。在鼻尖温度以下，当析出开始温度相同时，连续冷却条件下的析出开始时间要小于等温条件下的析出开始时间。这是因为，在冷却到该析出温度的过程中，较高温度时各微小段等温孕育期要小于该等温析出温度的孕育期。因此，连续冷却条件下的析出开始时间要短。同样，在冷却速度达到10℃/s时，应变诱导析出也不能发生。

4.1.3.2　连续冷却条件下的析出物形貌

图4.5为三种变形温度条件下不同冷却速度的TEM形貌。从图中可以看出，当冷却速度相同时，三种变形温度下的析出粒子分布差别不大。冷却速度为1℃/s时，析出粒子大多数分布于铁素体基体，部分在晶界处析出，如图4.5(a)~4.5(c)所示。当冷却速度为5℃/s时，析出粒子的数量略有减少，粒子尺寸明显细化，如图4.5(d)~4.5(f)所示。

如图4.5(g)~4.5(i)所示，当连续冷却速率达到10℃/s时，基体、晶界和位错等位置均未观察到细小的析出粒子。三种变形工艺条件下微合金元素的析出行为完全受到抑制。

不同变形工艺及冷却速度下的析出粒子尺寸统计如图4.6所示。同一冷却速度下三种工艺的析出粒子直径相差不多。冷却速度为1℃/s时，析出粒子的尺寸集中在8~11nm。当冷却速度增大至5℃/s时，析出粒子尺寸减小，集中在3~6nm。当冷却速度增大时，微合金元素析出所需的过冷度也增大，因此析出温度降低。较低的析出温度抑制了微合金元素Nb的扩散，从而使析出相的长大受到明显抑制，如图4.5(g)~4.5(i)所示。

4.1.4　Nb(C，N)在铁素体中的析出

4.1.4.1　Nb(C，N)在铁素体中析出机制

较大的冷却速度可以抑制Nb(C，N)在奥氏体中的析出行为。因此假设奥氏体中未析出Nb(C，N)，只考虑其在铁素体中的析出。

二元相NbC和NbN在铁素体中的固溶度积采用式(4.7)计算：

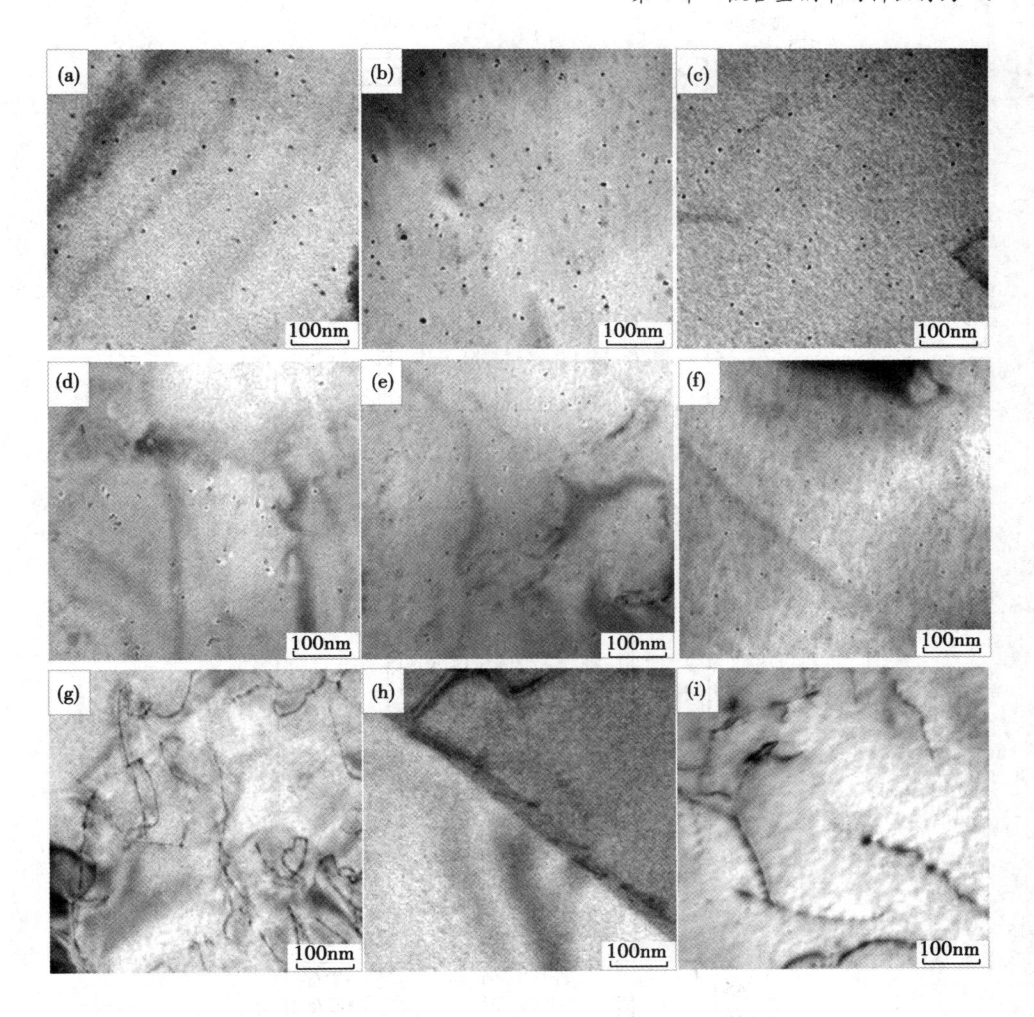

图 4.5　三种变形工艺不同冷却速度下的析出行为

(a)—1050℃变形+1℃/s 冷却；(b)—950℃变形+1℃/s 冷却；(c)—850℃变形+1℃/s 冷却；
(d)—1050℃变形+5℃/s 冷却；(e)—950℃变形+5℃/s 冷却；(f)—850℃变形+5℃/s 冷却；
(g)—1050℃变形+10℃/s 冷却；(h)—950℃变形+10℃/s 冷却；(i)—850℃变形+10℃/s 冷却

$$\left.\begin{aligned}\lg\{[\mathrm{Nb}]\cdot[\mathrm{C}]\}_{\alpha}&=5.43-10960/T\\\lg\{[\mathrm{Nb}]\cdot[\mathrm{N}]\}_{\alpha}&=4.96-12230/T\end{aligned}\right\}\tag{4.7}$$

处于固溶态的 Nb，C，N 元素的含量在符合固溶度积公式的同时，需要保持理想化学配比，即 Nb(C，N)的化学式可写为 NbC_xN_{1-x}，其中 x 和$(1-x)$分别为 C，N 在各自亚点阵中的摩尔分数。因此可以得到以下方程组：

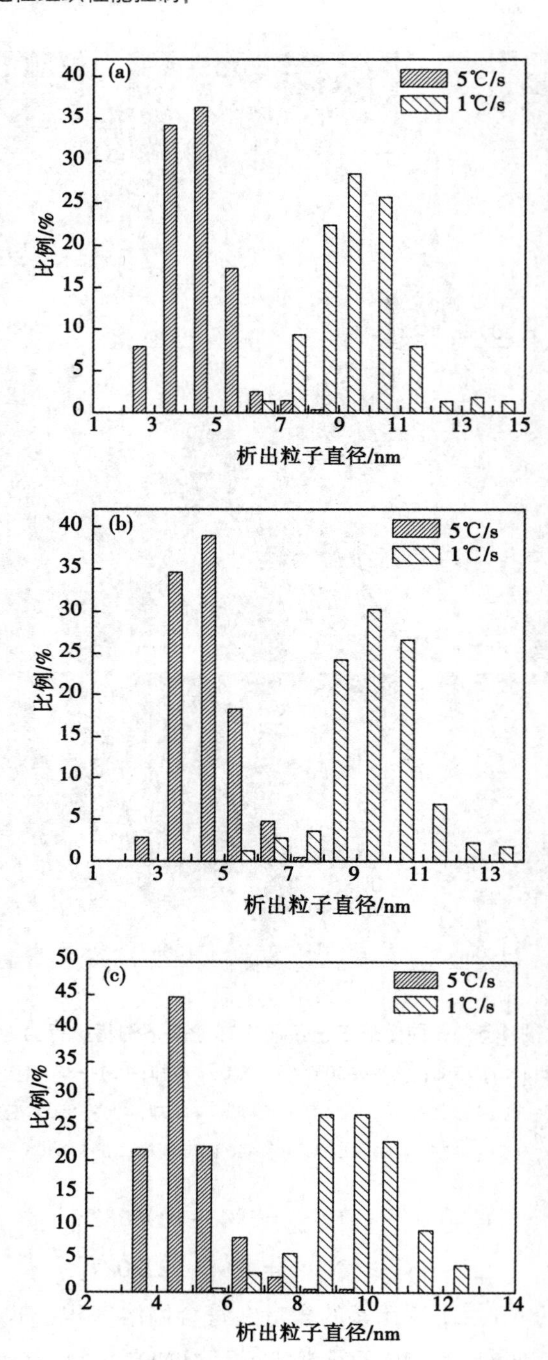

图 4.6 冷却速度对 Nb(C, N) 析出物尺寸的影响

(a)—850℃; (b)—910℃; (c)—1050℃

$$\left.\begin{aligned}
&\lg\left\{\frac{[\mathrm{Nb}]\cdot[\mathrm{C}]}{x}\right\}=5.43-10960/T\\
&\lg\left\{\frac{[\mathrm{Nb}]\cdot[\mathrm{N}]}{1-x}\right\}=4.96-12230/T\\
&\frac{w_{\mathrm{Nb}}-[\mathrm{Nb}]}{w_{\mathrm{C}}-[\mathrm{C}]}=\frac{A_{\mathrm{Nb}}}{xA_{\mathrm{C}}}\\
&\frac{w_{\mathrm{Nb}}-[\mathrm{Nb}]}{w_{\mathrm{N}}-[\mathrm{N}]}=\frac{A_{\mathrm{Nb}}}{(1-x)A_{\mathrm{N}}}
\end{aligned}\right\}\tag{4.8}$$

式中，[Nb]，[C]，[N]分别表示 Nb，C，N 在各温度下的平衡固溶度，%；A_{Nb}，A_{C}，A_{N}分别为元素 Nb，C，N 的相对原子质量；w_{Nb}，w_{C}，w_{N}分别为各元素在钢中的质量分数，%；T 为热力学温度，K。

根据方程组可以确定不同沉淀温度下铁素体中[Nb]，[C]，[N]的固溶量及析出的 Nb(C，N)化学式系数 x 的值。

根据各沉淀温度下的 x 值可以得到相关的 Nb(C，N)在铁素体中的固溶度积公式：

$$\lg\{[\mathrm{Nb}]\cdot[\mathrm{C}]^{x}\cdot[\mathrm{N}]^{1-x}\}_{\alpha}=A-B/T\tag{4.9}$$

式中，$A=5.43x+4.96(1-x)+x\lg x+(1-x)\lg(1-x)$，$B=10960x+12230(1-x)$。

Nb(C，N)在铁素体中析出时的临界核心尺寸和临界形核功随析出温度的变化如图 4.7 所示。从图中可以看出，Nb(C，N)在铁素体中析出的临界核心尺寸和临界形核功都随着析出温度的降低而减小。另外，基体中的位错能够促进 Nb(C，N)的形核，降低析出的临界核心尺寸和临界形核功。在计算温度范围内，Nb(C，N)均匀形核析出时的临界核心尺寸在 0.6~1nm，而位错线上形核时的临界核心尺寸在 0.3~0.8nm。由于 Nb(C，N)在铁素体中析出时的温度相对较低，抑制了 Nb 原子的扩散，从而能够抑制析出相核心的长大。

实验钢 Nb(C，N)在铁素体中析出的形核速率-温度曲线呈反 C 曲线特征，存在一个最大形核率温度。在最大形核率温度以上时，温度对 Nb 原子的扩散影响较小，对临界形核功的影响较大。析出温度降低，过冷度增大，Nb(C，N)析出的临界形核功减小，因此形核率随着析出温度的降低而增大。在最大形核率温度以下时，Nb 原子的扩散成为主导因素。析出温度的降低抑制了 Nb 原子的扩散，使得形核率随析出温度的降低而减小。最大形核率温度对于 Nb(C，N)在相变区的析出控制是一个很重要的参数。在该温度析出时，可以获得较为细小的析出相尺寸，从而增强析出粒子的强化效果。经计算，实验钢 Nb(C，N)

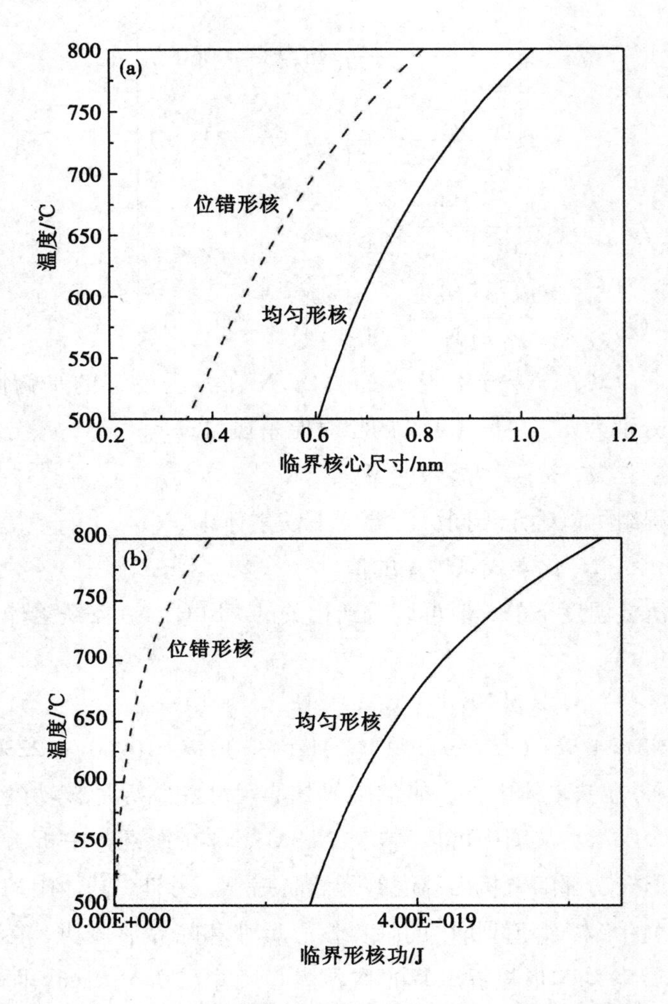

图 4.7　Nb(C, N)在铁素体中析出的临界核心尺寸和临界形核功

(a)—临界核心尺寸；(b)—临界形核功

在铁素体中均匀形核和在位错线上形核的最大形核率温度分别约为 620℃ 和 660℃。

4.1.4.2　Nb(C, N)在铁素体中析出的影响因素

(1)变形条件对 Nb(C, N)在铁素体中析出的影响

根据 4.1.3 节结果可知，当 C-Mn-Nb 系钢变形后以 10℃/s 的冷却速度冷却至室温时，Nb(C, N)在冷却过程中无法析出。实验过程中绝大多数的析出粒子是在等温过程中析出的。

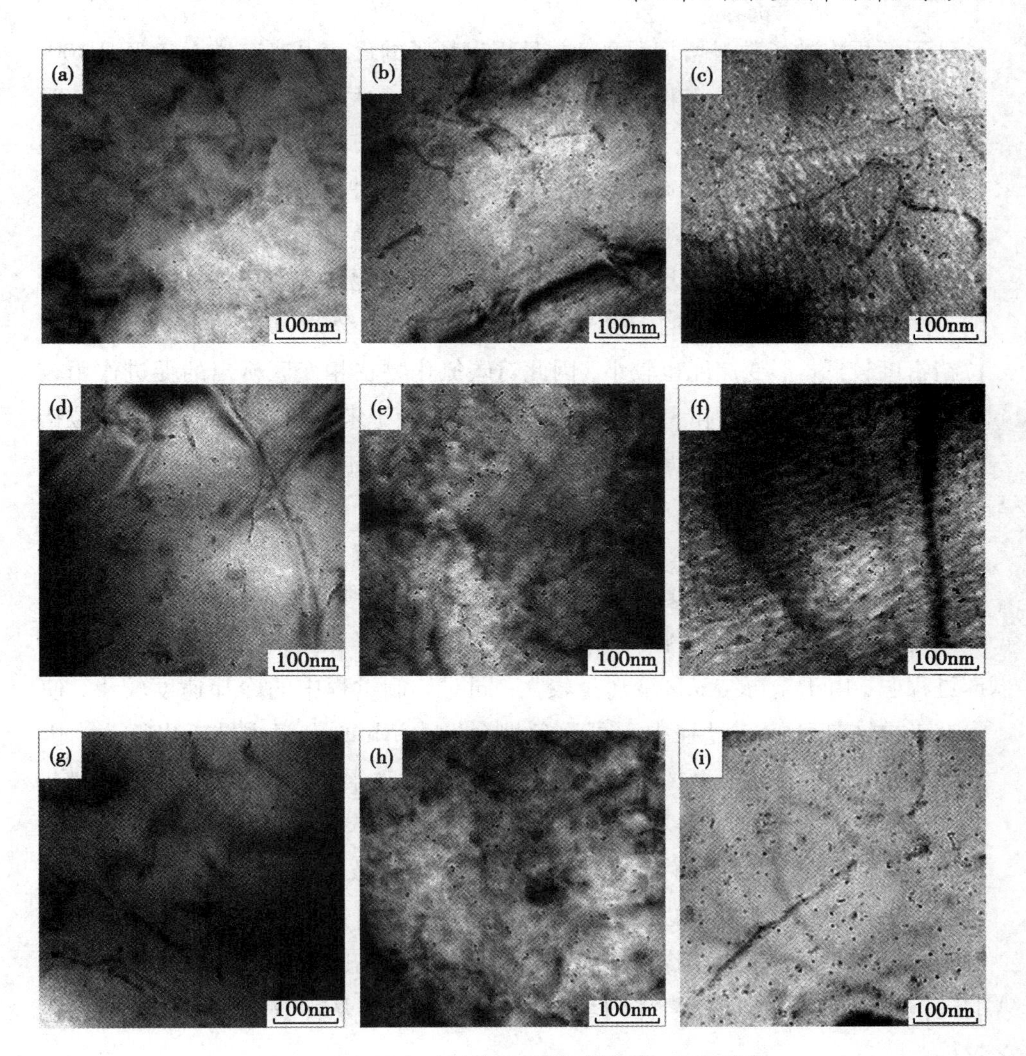

图 4.8　不同变形制度下 680℃等温的 TEM 形貌

等温前冷却速度 10℃/s：

(a)，(b)，(c)—1050℃变形后在 680℃等温 10s，30s，100s；

(d)，(e)，(f)—910℃变形后在 680℃等温 10s，30s，100s；

(g)，(h)，(i)—850℃变形后在 680℃等温 10s，30s，100s

通过 TEM 观察发现，实验钢在 680℃等温时，析出粒子主要分布在铁素体基体上，部分在晶界及位错处析出。图 4.8 为实验钢在按照不同工艺变形后以 10℃/s 冷却至 680℃等温不同时间的 TEM 形貌。从图中可以看出，等温 10s 后，三种变形工艺条件下的铁素体基体中均分布着少量的析出粒子。等温 30s 后，1050℃变形工艺条件下的析出粒子析出量略有增加，而 910℃和 850℃变形条件下的析出粒子数量增加明显，并且析出粒子的尺寸也略有增大。等温 100s 后，910℃和 850℃变形条件下铁素体基体中分布着大量的析出粒子，而 1050℃变形条件下的析出粒子数量相对较少。图 4.9 为三种变形工艺在 680℃等温 100s 后的析出粒子尺寸分布。从图中可以看出，三种变形工艺条件下的析出粒子尺寸相差不大，析出物颗粒的尺寸主要集中在 5nm 左右。

通过透射观察可以发现，变形条件不仅对碳氮化物在奥氏体区的析出有影响，也会影响其在相变区的析出行为。当实验钢在 1050℃变形时，奥氏体中的位错密度较低，形变储能也较小，因此对碳氮化物在相变区析出的促进作用较小。当实验钢在 910℃和 850℃变形时，奥氏体处于未再结晶区，变形后的位错密度和形变储能均较高，促进了碳氮化物在相变区的析出，析出粒子的数量也增多。

在热模拟条件下，较短的变形时间和两道次间较大的冷却速度抑制了奥氏体中碳氮化物的析出。并且 910℃和 850℃变形后均具有较高的位错密度和形变储能，因此两种变形条件下铁素体相变区的析出量相差不大。但是在实际生产过程中，由于未再结晶区变形量较大，同时轧制过程中的冷却速度较小，使得在未再结晶区轧制过程中不可避免地会发生 Nb 的应变诱导析出行为。因此，未再结晶区变形温度的不同会对奥氏体区及铁素体区析出行为产生影响。终轧温度为 850℃左右时，变形温度处于 PTT 曲线鼻尖温度以下，轧制过程中实验钢会在鼻尖温度附近停留较长时间，因此会导致较多的 Nb(C, N)在奥氏体区析出。而在鼻尖温度以上未再结晶区变形时，可以减少在奥氏体区的待温时间，并通过轧后的快速冷却抑制 Nb 在奥氏体中析出，增大了 Nb 在铁素体区的过饱和度，促进其在铁素体内均匀、大量地析出，从而获得更好的析出强化效果。

(2)冷却速度对 Nb(C , N)在铁素体中析出的影响

图 4.10 为 910℃变形后分别以冷却速度 10℃/s 和 40℃/s 冷却至 680℃等温不同时间的 TEM 形貌。从图 4.10 中可以看出，在两种冷却速度下，析出物的数量均随着等温时间的延长而增多。等温 100s 时，40℃/s 条件下的析出粒子尺寸要略大于 10℃/s 条件下的析出物粒子尺寸。

图 4.11 为 910℃变形后以不同冷却速度冷却至 680℃等温 100s 后的析出物统计分析。当冷却速度为 10℃/s 时，析出粒子的尺寸主要集中在 4~6nm，而 40℃/s 冷却速度条件下，析出粒子的尺寸主要集中在 6~8nm。

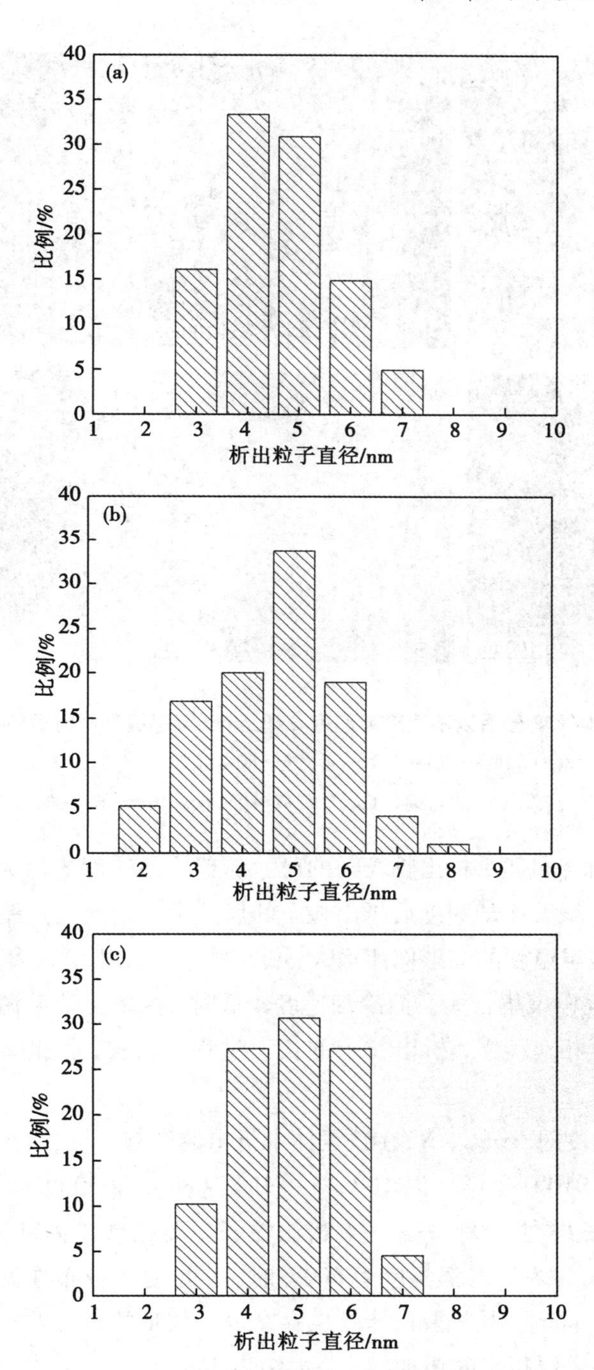

图 4.9　680℃等温 100s 后的析出物统计分析

变形温度：(a)—850℃；(b)—910℃；(c)—1050℃

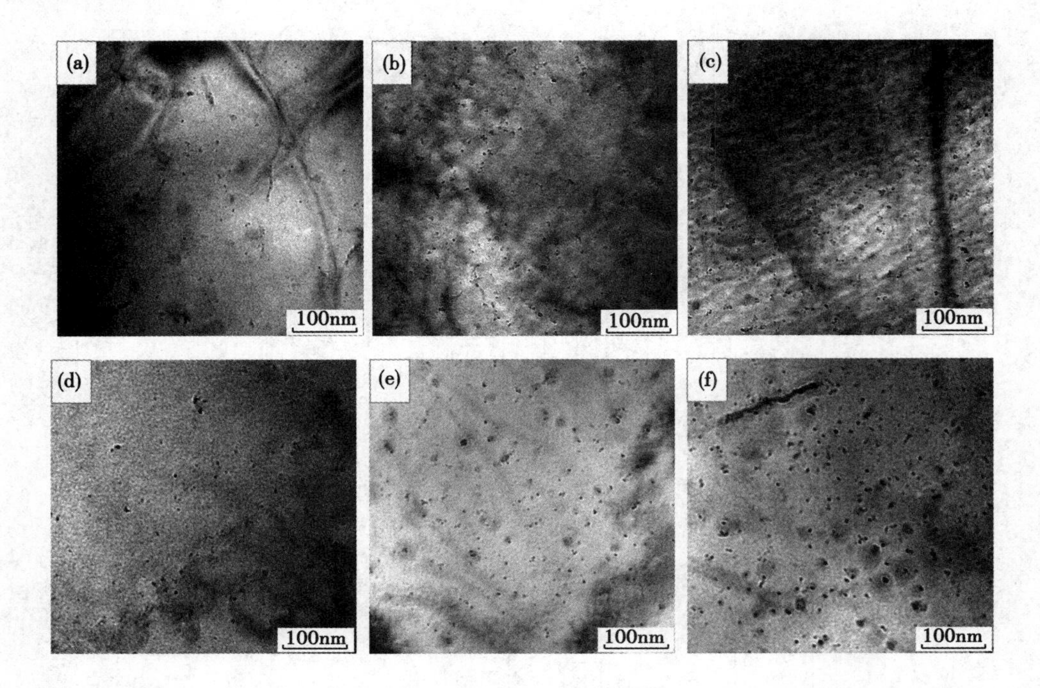

图 4.10　910℃变形后以不同冷却速度冷却至 680℃等温不同时间的 TEM 形貌

(a)，(b)，(c)—10℃/s 冷却至 680℃等温 10s，30s，100s

(d)，(e)，(f)—40℃/s 冷却至 680℃等温 10s，30s，100s

在连续冷却条件下，析出物粒子的尺寸随着冷却速度的增大而减小。但在相变区等温时，增大冷却速度后析出粒子的尺寸反而增大。这是因为冷却速度增大，保留至等温温度的变形储能增大，析出物能够在相变区大量快速地形核，随后在等温过程中聚集长大。而冷却速度较低时，保留至等温温度的变形储能减少，析出过程相对缓慢，析出粒子的长大过程也放缓，因此，析出粒子的尺寸较小。

(3)等温温度对 Nb(C，N)在铁素体中析出的影响

图 4.12 为 910℃变形后以 10℃/s 冷却至 680℃和 600℃等温不同时间的 TEM 形貌。当试样在 680℃等温时，析出粒子主要在铁素体基体内弥散析出，粒子尺寸为 5nm 左右。等温温度为 600℃时，析出粒子分布在贝氏体板条及针状铁素体内部。同时，晶界及位错处也存在一定数量的析出粒子。析出粒子的尺寸也较 680℃等温析出时更加细小，大约为 3nm。

600℃处于实验钢 Nb(C，N)析出的最大形核率附近。当在 600℃等温时，Nb(C，N)迅速形核，但是较低的温度在一定程度上抑制了微合金元素 Nb 的扩

散，使得析出相核心的长大受到抑制，因此可以获得较小的析出粒子。而680℃处于实验钢 Nb(C，N)在铁素体中析出 PTT 曲线的鼻尖温度。在此温度等温时，析出粒子能够快速析出。由于等温温度相对较高，析出粒子尺寸随着等温时间的延长而有所粗化。

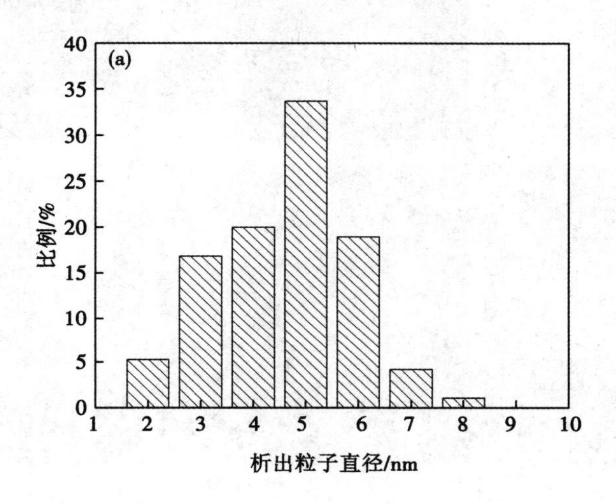

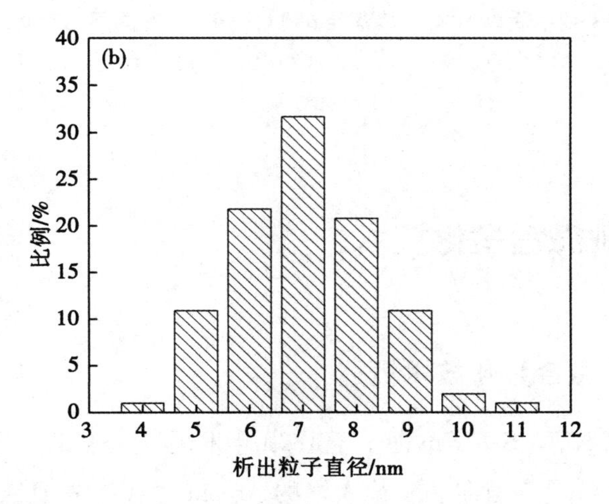

图 4.11　910℃变形后以不同冷却速度冷却至 680℃等温 100s 后的析出物统计分析

(a)—10℃/s；(b)—40℃/s

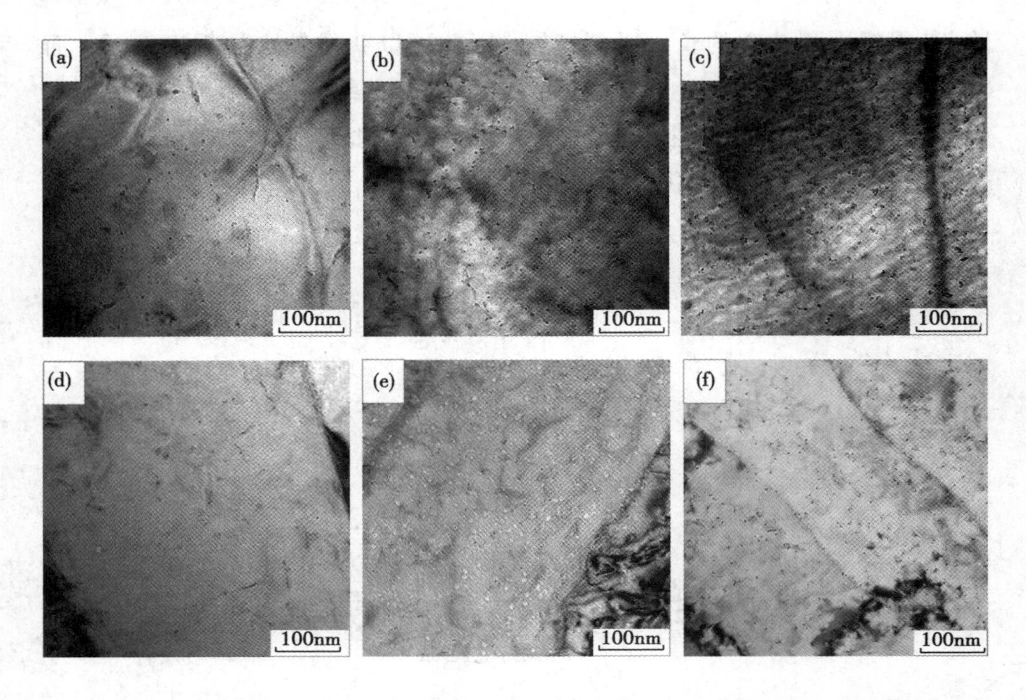

图 4.12　910℃变形后以 10℃/s 冷却至 680℃和 600℃等温不同时间的 TEM 形貌

(a)，(b)，(c)—680℃等温 10s，30s，100s；

(d)，(e)，(f)—600℃等温 10s，30s，100s

4.2　钒微合金化技术

4.2.1　钒微合金化技术概述

瑞典科学家 N. G. Sefstrom 博士于 1830 年发现了元素钒，人类从此揭开了钒元素的神秘面纱。英国谢菲尔德大学的 Arnold 教授率先研究了钒在钢铁中的合金化作用，加速了钒微合金钢的商业化应用。尤其是 Arnold 等人发现，钒的碳化物具有高温稳定性、高硬度等特性，在钒的应用中起到了关键的作用。20 世纪初，英国、法国学者发现，钢中添加微量的钒，可以大幅度提高碳钢的强度，尤其在淬火加回火的条件下。20 世纪 60 年代以来，钒广泛应用于钢铁行业，钒微合金化高强钢以其优良的综合性能广泛应用于机械、交通、石化等行业。截至 2000 年，我国已有钒钢 139 种，钒钢成为我国的主导钢种之一。

钒在钢中具有最强的沉淀强化效果，其在钢中加入量一般在 0.04%～0.12%。钒在钢中的作用主要为 V(C, N)等析出物在轧制过程中对奥氏体再结晶、晶粒长大的抑制作用；层流冷却及卷取过程中析出 V(C, N)等第二相颗粒对位错、晶界产生钉扎效应，从而细化铁素体晶粒，提高钢材强度及韧性。添加钒元素可以使钢材的强度增加 150～300MPa，近年来，低温轧制的应用扩大了含钒钢的使用范围，使其不断应用于承受复杂载荷的结构部位。无钒或低钒氮钢中，不存在晶内铁素体，只有晶界铁素体；而在高 VN 钢中，V(C, N)颗粒的析出促进晶内铁素体的形成，使晶内晶界均匀分布有铁素体、珠光体，细化了晶粒。此外，钒还能影响双相钢的淬透性，当钢被加热到临界温度以上，钒倾向溶解于最初形成奥氏体的高碳区，从而增加了钢材的淬透性。钒与钢中的氮具有较强的亲和力，钒与氮的相互作用主要表现为两个方面：第一，钒可以消耗钢中的自由氮；第二，结合生成 V(C, N)，降低钢的时效性。结合实际，通过热力学计算得出，含钒钢中增加氮的含量可以提高 V(C, N)的析出温度，提高其析出动力。当钢中氮的质量分数超过 200×10^{-6}时，整个析出温度范围内，析出物均是 VN 或富氮的 V(C, N)，且其细小弥散，充分发挥了钒的析出强化效果。此外，随着氮含量的增加，析出相也以 VC 为主过渡成 VN 为主，提高了强化效果。

4.2.2　钒在奥氏体中的析出

碳氮化钒在铁素体中的析出以位错线上形核为主，且形核率迅速衰减为零。通过计算碳氮化钒在奥氏体中析出时的临界形核尺寸、临界形核功、相对形核率以及析出时间等参数，绘制四种 N 含量钒微合金钢碳氮化钒在奥氏体中析出开始时间曲线，如图 4.13 所示。

从图 4.13 可以看出，N 的质量分数为 0.0055%时，接近最快沉淀析出温度开始于 850℃左右；N 的质量分数为 0.0107%时，接近最快沉淀析出温度开始于 870℃左右；N 的质量分数为 0.016%时，接近最快沉淀析出温度开始于 900℃左右；N 的质量分数为 0.0193%时，接近最快沉淀析出温度开始于 910℃左右。

4.2.3　钒在铁素体中的析出

研究表明，碳氮化钒在铁素体中的析出也是以位错线上形核为主，并且形核率也是迅速衰减为零。图 4.14 给出了计算的 0.08%V-0.0055%N钢碳氮化

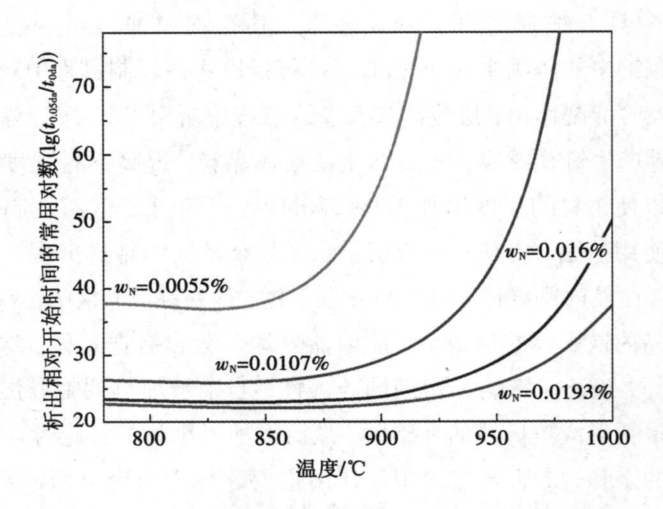

图 4.13　0.08%V 钢碳氮化钒在奥氏体中析出开始时间曲线

钒在铁素体中析出的 PPT 曲线。可以看出，实验钢在铁素体中析出的鼻子温度在 780℃附近。

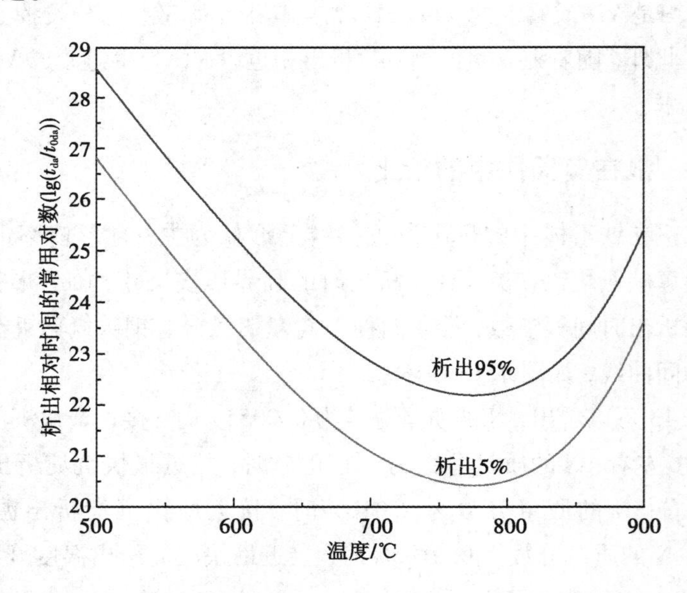

图 4.14　0.08%V-0.0055%N 钢碳氮化钒在铁素体中析出的 PPT 曲线

V(C, N)在铁素体中的析出形式有多种，其在钢中所起到的作用也因析出方式的不同而不同。V(C, N)随着 γ/α 界面的移动在铁素体内随机析出，这种析出为弥散析出，通常产生于较低的温度区域；V(C, N)平行于 γ/α 界面，以一定的间距形成片层状分布，这种析出为相间析出，通常在较高温度区域形成；V(C，N)也可以在珠光体中析出，通常不仅发生弥散析出，还同时发生相间析出，由于珠光体转变温度低，这类析出物更细小。

相间析出特征是，随着相变前沿不断地向奥氏体推进，V(C，N)质点平行于γ/α界面反复形核，最终呈片层状分布。随着N含量的增加，V(C，N)量多且弥散度增加。此时，析出的形核发生在相界上，高温条件下析出反应的化学驱动力小，自然选择那些在能量上有利于形核的相界位置；低温时驱动力大，在铁素体基体内部也能发生形核，并且随着形核温度的降得越低，钒的析出粒子越细小。Honeycombe及其合作者认为，相间析出非均匀地在γ/α界面上形成，使其在垂直于相界方向上的迁移受到钉扎，相界的局部突出将形成可移动的台阶，台阶向前移动，使得析出相重新形核，形成新的析出层，此时，相界的剩余部分仍保持静止。

弥散析出的形成过程为：VN的形成有较大的化学驱动力，当基体内氮含量足够高时，将使得在铁素体或奥氏体内部优先析出富氮的V(C，N)。钢中氮含量的增加将会使析出颗粒尺寸大大降低。这可以解释为：高氮钢中V(C，N)的形核密度较高，导致贫钒区更早地相互接触，进而降低了析出相的长大速率，因而产生了高、低氮钢中V(C，N)析出相长大方面的差别。钢的沉淀强化能被观察到的只是富氮的V(C，N)，首先形成的富氮析出相消耗了钢中所有氮元素后，V(C，N)开始富碳析出，此时，化学驱动力非常小，不能促使大量的析出发生，因而富碳的V(C，N)沉淀析出粒子很难被观察到。

在γ→α相变过程中碳氮化钒除了能在相界上形成外，在铁素体内部的位错线附近或者位错线上也能大量析出，这些碳氮化钒析出物阻碍位错运动，使位错弯曲，这类晶内位错上析出形式的存在对铁素体基体起到了很大的强化作用。

研究表明，碳氮化钒在铁素体中析出时，碳氮化钒随着保温时间的增加，析出物数量增加，但析出物尺寸变化不明显。铁素体中碳氮化钒析出物尺寸明显小于在奥氏体中的析出物尺寸，而且在铁素体中析出的碳氮化钒颗粒尺寸均匀性好，分布也比较均匀。因此，促进碳氮化钒在铁素体中析出，不仅能起到细化晶粒、提高沉淀强化等作用，而且尺寸和分布的均匀性也保证了钢的高韧性。

4.2.4　氮含量对碳氮化钒析出和组织的影响

钒元素与氮元素具有很强的结合力，在钒微合金钢中增加氮含量可以增大钒的碳氮化物析出的驱动力，提高析出温度。在连续冷却实验中氮的质量分数较高(0.02%)的低碳钢与氮的质量分数较低(0.01%)的低碳钢的铁素体相变开始温度相同，说明氮含量对静态相变影响较小。但是，氮含量的增加可以大大促进相变过程中碳氮化物的析出。高氮(氮的质量分数为0.02%)钒微合金钢在较低应变量下就可以析出碳氮化物粒子。而氮的质量分数为0.01%的钒微合金钢要在更大的应变量下才可以析出碳氮化物粒子。由于钒微合金化钢中增加氮含量可以使更多的固溶在奥氏体中的钒元素和碳、氮结合，使其以碳氮化物的形式析出，这些析出粒子可以成为铁素体的形核位置，进而增加了 γ/α 动态相变的形核率，这样既减小了固溶钒对 γ/α 动态相变的不利影响，又增大了钒的碳氮化物析出对 γ/α 动态相变的促进作用。

图4.15给出不同氮含量下钒微合金钢的组织和析出物形貌。由图4.15(a)和4.15(b)可以看出，在轧制和冷却工艺基本相同时，氮的质量分数为0.0055%和0.0107%的钒微合金钢的铁素体晶粒尺寸分别为7.35μm和6.48μm，即随着氮含量的增加，铁素体晶粒呈逐渐细化趋势。由图4.15(c)和4.15(d)可以看出，随着氮含量的增加，铁素体上的碳氮化钒析出物粒子数明显增多，因此氮含量的提高可以促进碳氮化钒的析出，增强了碳氮化钒对基体的强化作用。

另一方面，钒钢中增氮所导致的碳氮化物粒子数量的增加降低了固溶在奥氏体中的钒含量，即降低了固溶钒对晶粒细化的作用。所以钒氮微合金化钢只有在不利于晶粒长大的条件下(较低的变形温度、较高的应变速率)才能得到细小的诱导铁素体晶粒，而当变形温度提高，应变速率降低时，钢中的诱导铁素体晶粒粗化明显，其晶粒尺寸已经粗于不含钒的参比钢的诱导铁素体晶粒尺寸。

与奥氏体中N含量对碳氮化钒析出影响不同，在铁素体中，随着N含量的升高，相同温度下碳氮化钒形核率反而降低，这是由于N含量的提高，促进了碳氮化钒在奥氏体中的析出，从而减少了留在铁素体中的钒元素，而随着温度的降低，碳化钒逐渐成了主导，钒元素的减少必然造成碳氮化钒析出的减少。因此，氮含量升高时，要到达相同的相对形核率，则需要在更低的温度下析出。

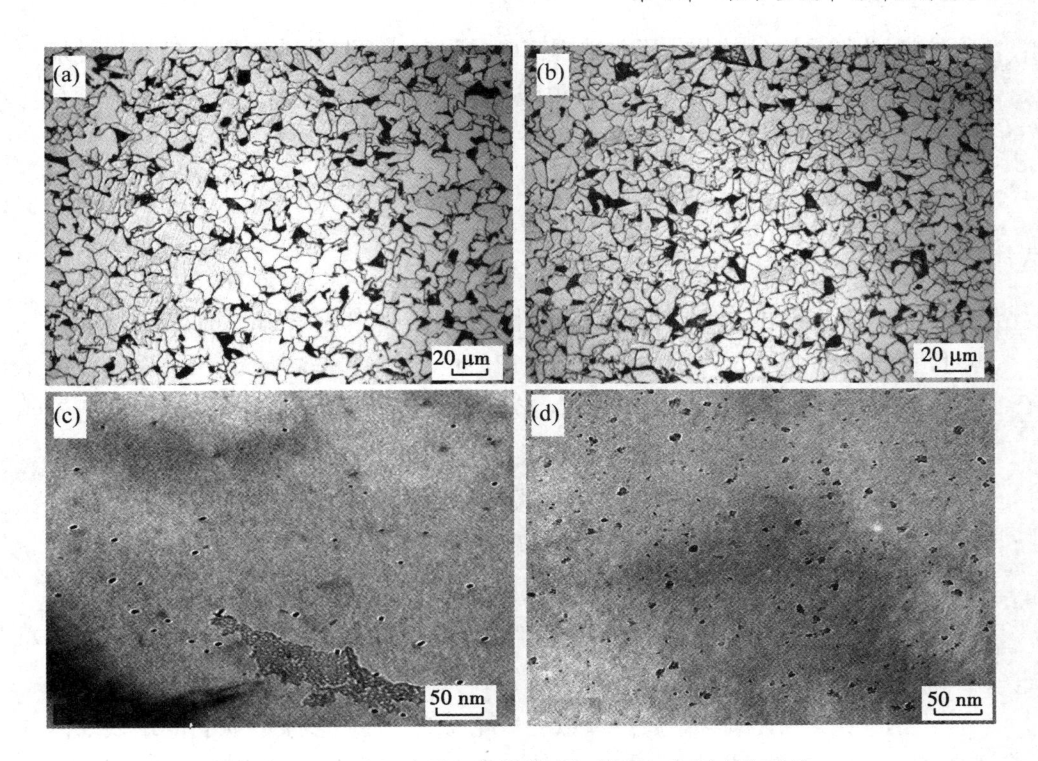

图 4.15　不同氮含量下钒微合金钢的组织和析出物形貌

(a)，(c)—w_N = 0.0055%；(b)，(d)w_N = 0.0107%

4.3　钛微合金化技术

4.3.1　钛微合金化技术概述

地壳中蕴含的钛含量丰富，钛及其氧化物、合金产品是重要的涂料、防腐材料及新型结构材料，被称为战略金属和继铁、铝之后处于发展中的第三金属，广泛应用于航天、航空、机械、交通和医疗等各行各业。除此之外，钛作为合金元素添加到钢中，能提高钢的性能，使钢材在相同的回火条件下得到更高的强度和硬度。目前，含钛钢包括低合金钢、超高强钢、不锈钢、结构钢、耐热合金和磁钢等系列，广泛应用于汽车、交通和石油钻探等行业。

4.3.1.1　钛与各合金元素的相互作用

低合金钢中加入微量的钛，在钢中析出 Ti(C，N)等，细化晶粒的同时提高了沉淀强化增量。钛的加入不仅能提高钢的强度，而且能改善钢的冷成形性能和焊接性能。此外，钛的化学活性很强，容易与碳、氮、氧、硫化合，尤其是氧、氮。因此钢的冶炼过程中必须充分脱氧脱氮，来提高钢中有效钛的含量，提高其细晶强化和析出强化的效果。钛与各合金元素的相互作用表现在以下几点。

① 钛与氮的相互作用。当钛质量分数低于 0.02%时，大部分的钛跟氮结合，在奥氏体区析出 TiN 颗粒阻碍晶粒长大，对奥氏体晶粒有一定的细化作用，但对强度贡献量不大，对钢的焊接性和韧性也有一定的改善。TiN 的固溶度很低，0.01%~0.02%的钛才能够使 TiN 较好地发挥其作用，钛的质量分数低于 0.01%时，不能够形成足够的 TiN 颗粒细化奥氏体晶粒。

② 钛与硫的相互作用。硫与钛有较强的亲和力，可以 TiS 和 $Ti_4C_2S_2$ 的形态存在，减少硫化物造成的应力集中，改善板坯的各项性能。

③ 钛与氧的相互作用。钛可与氧发生反应生成 TiO_x（典型的析出物为 Ti_2O_3），降低了钢中有效钛含量，在高强钢的制备过程中，常采用铝脱氧以保证钛的有效利用。

当钢中钛、氮元素含量超过理想化学配比 3.4 时，多余的钛固溶于铁基体或以 TiC 形式析出，固溶钛可以与位错及晶界（亚晶界）相互作用，偏聚其中，阻碍位错及晶界移动，抑制奥氏体再结晶；同样，连轧过程中形变诱导析出的细小 TiC、层冷卷取阶段相间析出或铁素体中过饱和析出的弥散状 TiC，均会对位错及晶界的迁移产生阻碍，抑制再结晶过程，在相变前积聚较多的储存能，促进相变过程晶粒形核，细化晶粒。同时，生产过程中 Ti 微合金钢对成分、工艺的敏感性导致其性能的不稳定性，使其与铌、钒相比应用起步较晚，限制了钛微合金钢的工业化应用。图 4.16 是杨森公司生成的 345MPa 级带钢的力学性能，可见其屈服、抗拉强度波动近 200MPa。

4.3.1.2　含钛微合金钢力学性能不稳定的原因

造成含钛微合金钢力学性能不稳定的原因主要有两个：

① 钢水成分造成的波动。由于炼钢技术的限制，造成钢水中氧、氮、硫等含量波动较大，而钛化学活性强，易与氧、氮、硫等元素化合形成尺寸较大的化合物，其既不能细化晶粒，也不能提高沉淀强化增量，消耗了有效钛。

② 热加工时，温度波动造成的不稳定性。TiC 颗粒是提高沉淀强化增量最主要的析出物，它的析出受温度和冷却速度影响很大，热连轧及随后层冷卷取过程的温度波动容易造成不同炉次板坯或者同一炉次不同部位钢坯性能的巨大

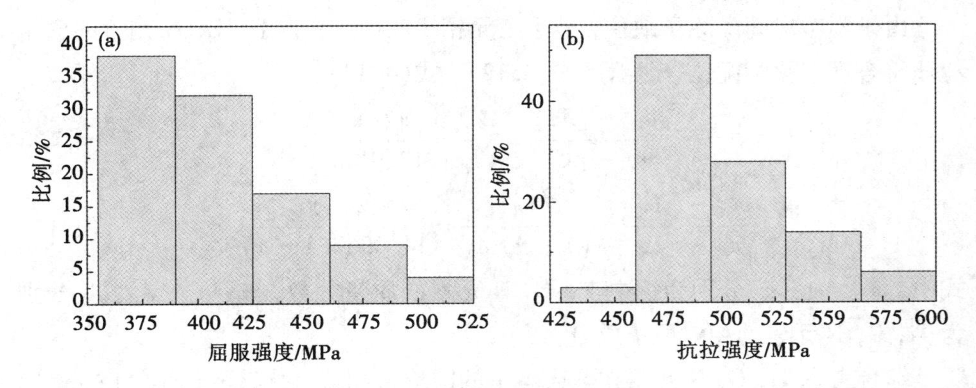

图 4.16　杨森公司屈服强度 345MPa 级含钛微合金钢力学性能

(a)—屈服强度；(b)—抗拉强度

差异。

近年来，随着洁净钢冶炼工艺技术的提高，钢中有害元素得到了有效的控制，同时控轧控冷技术的迅速发展加强了对轧制、冷却温度的精准控制，使得钛微合金钢广泛应用于市场成为可能。

4.3.2　Ti 微合金化高强度低合金钢的析出规律理论计算

4.3.2.1　计算方法

Ti 在钢中的固溶度很小，基本不能产生固溶强化作用，它的微合金化作用主要体现在细晶强化和析出强化。因此根据 Ti 的固溶度积公式计算了不同 Ti 含量、N 含量的钢在不同温度下的平衡析出量。由于钢中 S 和 O 的含量很少，故不考虑其硫化物和氧化物。假设其析出物仅为 C 和 N，因为 TiC 或 TiN 具有相同的 NaCl 类型的晶体结构，同时点阵常数相差不大，因而通常会完全互溶而形成碳氮化钛。可以认为 Ti 微合金化高强度低合金钢中不存在 C，N 原子缺位，因此可以将碳氮化钛的化学式写为 TiC_xN_{1-x}，x 为碳氮化钛组成中易溶相 TiC 的摩尔分数，$0 \leqslant x \leqslant 1$。

通过相分析法可以得到二元相 TiC 和 TiN 在奥氏体中的固溶度积公式，分别为：

$$\lg \frac{[\mathrm{Ti}] \cdot [\mathrm{C}]}{x} = 2.75 - \frac{7000}{T} \tag{4.10}$$

$$\lg \frac{[\mathrm{Ti}] \cdot [\mathrm{N}]}{1-x} = 0.32 - \frac{8000}{T} \tag{4.11}$$

式中，[Ti]，[C]，[N]分别为奥氏体中 Ti，C，N 元素的固溶量(质量分数)。

由于不考虑间隙原子缺位，处于三元相 TiC_xN_{1-x} 中的 Ti，C，N 元素的含量应该符合理想化学配比，即满足式(4.12)、式(4.13)：

$$\frac{w_{Ti} - [Ti]}{w_C - [C]} = \frac{A_{Ti}}{xA_C} = \frac{47.90}{12.011x} \tag{4.12}$$

$$\frac{w_{Ti} - [Ti]}{w_N - [N]} = \frac{A_{Ti}}{(1-x)A_N} = \frac{47.90}{14.0067(1-x)} \tag{4.13}$$

式中，w_{Ti}，w_C，w_N分别为钢中 Ti，C，N 元素的质量分数，%；A_{Ti}，A_C，A_N分别为 Ti，C，N 元素的相对原子质量。

综合考虑 Ti，C，N 元素在奥氏体中的固溶量和碳氮化钛的化学组成，奥氏体中 Ti，C，N 元素的固溶量满足其固溶度积公式，处于三元相 TiC_xN_{1-x} 中的 Ti，C，N 元素的含量符合理想化学配比，即可得到式(4.10)、式(4.11)、式(4.12)、式(4.13)四式联立的四元非线性方程组。联立求解该方程组，可以得到确定化学成分的钢在某一温度时 Ti，C，N 元素在奥氏体中的平衡固溶量以及平衡存在的三元相 TiC_xN_{1-x} 的化学组成，即求得[Ti]，[C]，[N]、x 这 4 个未知量。当钢的化学成分和温度变化时，化学式系数 x 也会随之变化，也就是说三元相 TiC_xN_{1-x} 的化学组成并非恒定，可在一定范围内变动。

TiC_xN_{1-x} 的全固溶温度也是一个重要的参数，达到此温度并保持平衡状态后，$[Ti]=w_{Ti}$，$[C]=w_C$，$[N]=w_N$，TiC_xN_{1-x} 将完全固溶于奥氏体中，Ti，C，N 元素只会以固溶态形式发挥作用。Ti 微合金化高强度低合金钢中 TiC_xN_{1-x} 的全固溶温度 T_{AS} 可由式(4.14)计算：

$$\frac{w_{Ti} \cdot w_C}{10^{2.75-\frac{7000}{T_{AS}}}} + \frac{w_{Ti} \cdot w_N}{10^{0.32-\frac{8000}{T_{AS}}}} = 1 \tag{4.14}$$

而全固溶温度 T_{AS} 下 TiC_xN_{1-x} 相的化学式系数 x 可由式(4.15)计算：

$$x_{AS} = \frac{w_{Ti} \cdot w_C}{10^{2.75-\frac{7000}{T_{AS}}}} = 1 - \frac{w_{Ti} \cdot w_N}{10^{0.32-\frac{8000}{T_{AS}}}} \tag{4.15}$$

4.3.2.2 不同 Ti 含量高强度低合金钢中碳氮化钛的固溶度理论计算

利用 4.3.2.1 节介绍的理论计算方法，对 Ti 的质量分数为 0.002%～0.112%的高强度低合金钢在碳氮化钛的全固溶温度到 800℃ 范围内 Ti，C，N 元素在奥氏体中的平衡固溶量[Ti]，[C]，[N]以及 TiC_xN_{1-x} 的化学式系数 x 进行了理论计算。计算采用 MATLAB 软件，根据牛顿下山法，迭代结果如图 4.17 所示。

由图 4.17 可知，随着温度的降低，析出物 TiC 的比例增高，但是 Ti 含量较低的析出物几乎均为 TiN；而在相同温度下，随着 Ti 微合金含量的增加，析出物中 TiC 比例增加；随着温度的降低，固溶在奥氏体中的 C 含量减少，析出物中 Ti 增多，但是 Ti 含量低的并不明显；在同一温度下，随着 Ti 含量的增加，固溶在奥氏体中的 C 含量减少。在同一温度下，随着 Ti 含量的增加，固溶在奥氏体中的 N 减少，即 Ti 含量的增加可以促进 TiN 析出；随着 Ti 含量的增加，溶解在奥氏体中的 Ti 含量增加。随着 Ti 元素的添加，全固溶温度升高。当钢中 Ti 的质量分数为 0.112%时，由 x 随温度的变化曲线可知，当温度在 1000~1300℃ 时 Ti 的碳氮化物析出速度很快，并且氮化物基本全部析出。

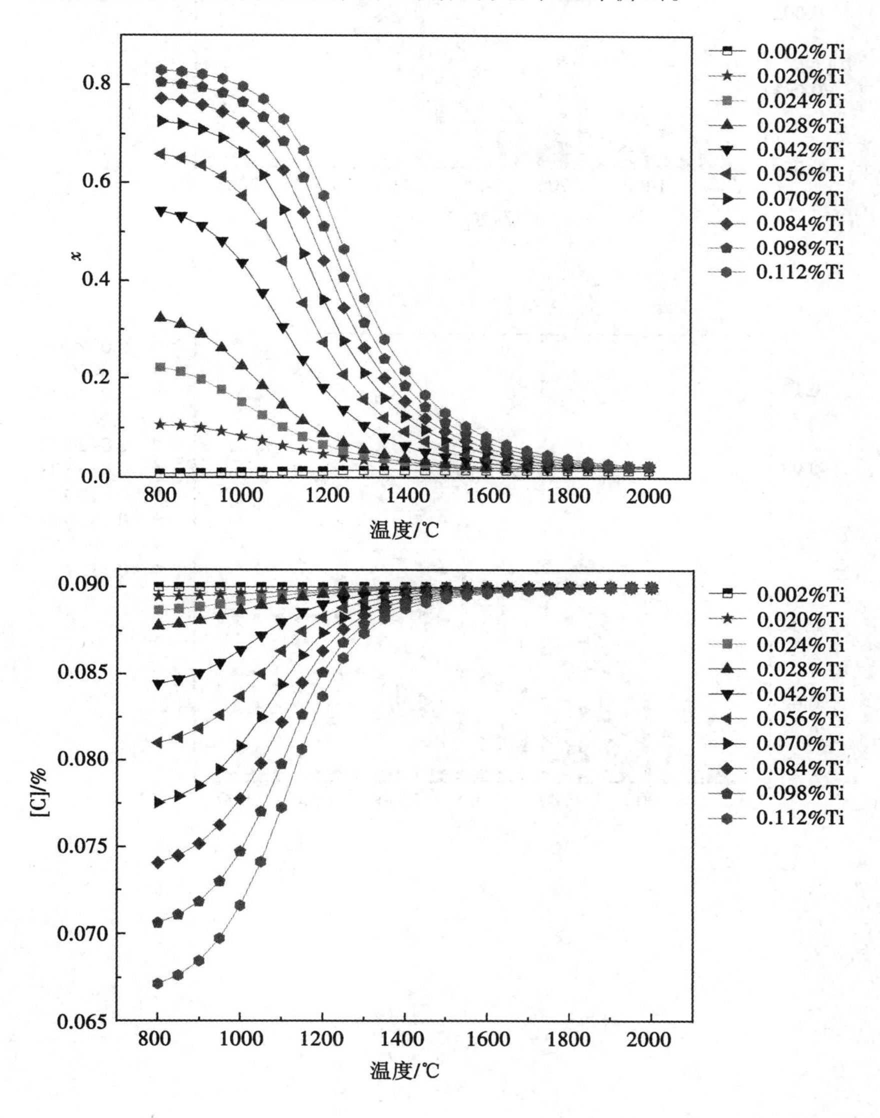

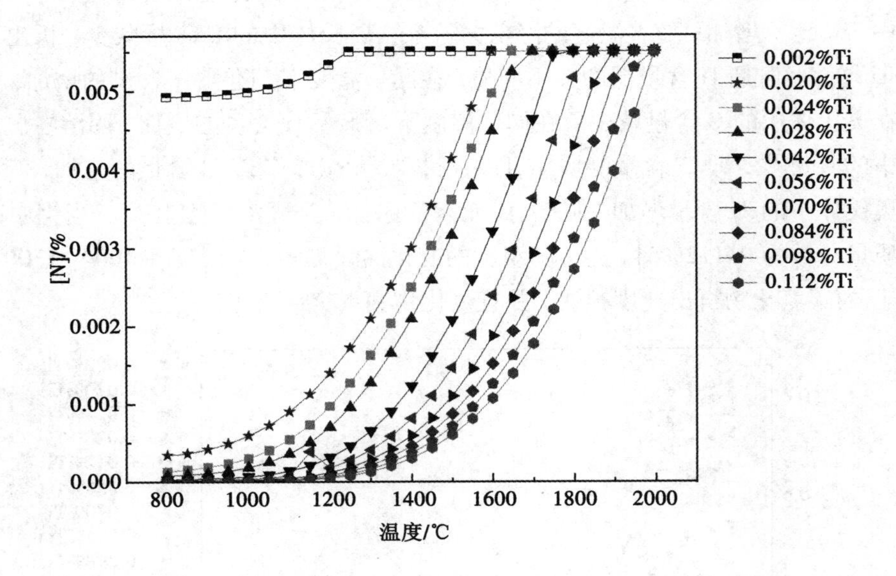
0.005
0.004
0.003
0.002
0.001
0.000
[N]/%
800
1000
1200
1400
1600
1800
2000
温度/℃
0.002%Ti
0.020%Ti
0.024%Ti
0.028%Ti
0.042%Ti
0.056%Ti
0.070%Ti
0.084%Ti
0.098%Ti
0.112%Ti

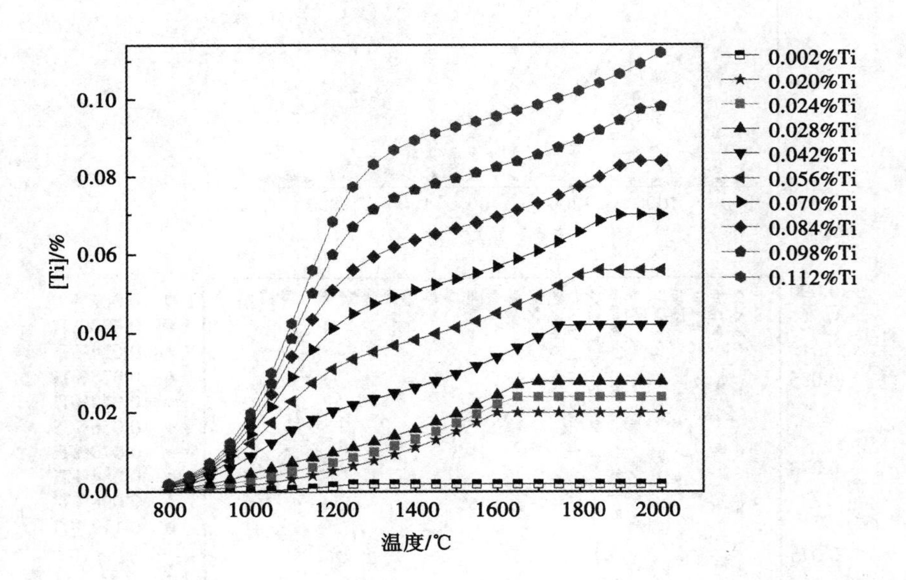
0.10
0.08
0.06
0.04
0.02
0.00
[Ti]/%
800
1000
1200
1400
1600
1800
2000
温度/℃
0.002%Ti
0.020%Ti
0.024%Ti
0.028%Ti
0.042%Ti
0.056%Ti
0.070%Ti
0.084%Ti
0.098%Ti
0.112%Ti

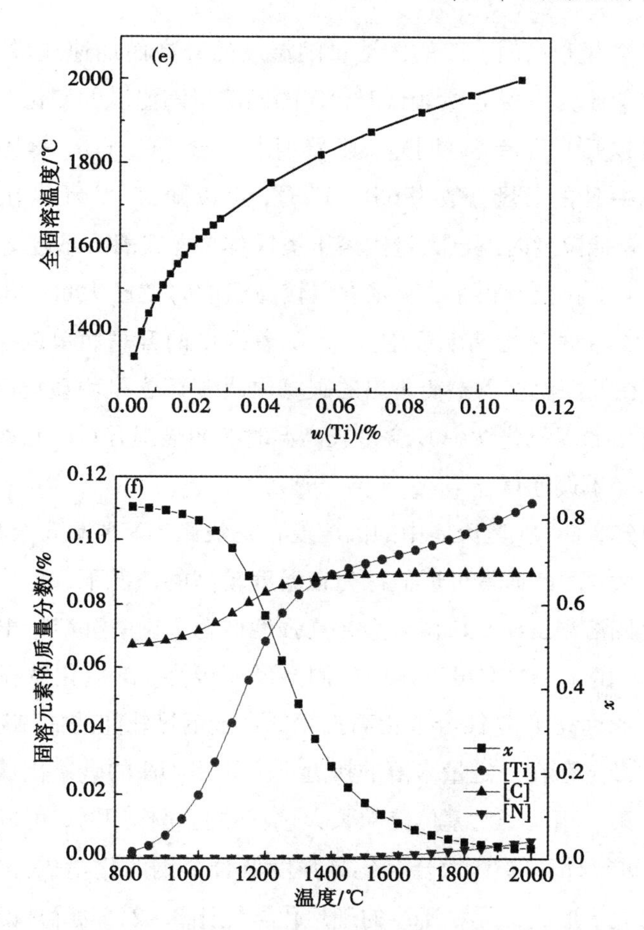

图 4.17 不同 Ti 含量高强度低合金钢中碳氮化钛的固溶量和化学式系数随温度的变化规律以及全固溶温度随 Ti 含量的变化规律

(a)—x；(b)—[Ti]；(c)—[C]；(d)—[N]；(e)—全固溶温度随 Ti 含量的变化规律；
(f)—$w_{Ti}=0.112\%$时各变量随温度变化的曲线

4.3.2.3 不同 N 含量高强度低合金钢中碳氮化钛的固溶度理论计算

利用 4.3.2.1 节介绍的理论计算方法，对 N 质量分数为 $10\times10^{-6}\sim90\times10^{-6}$ 的高强度低合金钢在碳氮化钛的全固溶温度到 800℃范围内 Ti，C，N 元素在奥氏体中的平衡固溶量[Ti]，[C]，[N]以及 TiC_xN_{1-x} 的化学式系数 x 进行了理论计算。计算采用 MATLAB 软件，根据牛顿下山法，迭代结果如图 4.18 所示。

由图 4.18 可知，当钢中 N 含量保持一定时，随着温度的升高，化学式系数 x 逐渐降低，平衡固溶量[Ti]，[C]，[N]逐渐增大；当温度一定时，随着钢中 N 含量的升高，化学式系数 x 和[Ti]逐渐降低，[C]，[N]逐渐增大。当钢材的化学成分中 N 含量很高时，Ti 的固溶量随温度的升高而加速递增，曲线上凹；而当钢材的化学成分中 N 含量较低时，Ti 的固溶量随温度的变化曲线呈中部上凸，且 N 含量越低上凸趋势越明显。随着钢中 N 含量的升高，全固溶温度也有所提高。当钢中 N 的质量分数为 65×10^{-6}时，可以知道，C 元素在奥氏体中的固溶度较大，较低温度时就已大量固溶于奥氏体中，其固溶量随着温度的升高而逐渐增大，但变化范围很小；N 元素在较高温度时就已大量析出，其固溶量只有在 1400℃以上时才会有明显增大；x 随着温度的升高而单调递减，且变化范围很大，即在较高温度下平衡析出的碳氮化钛中 N 含量明显偏高，而在较低温度下平衡析出的碳氮化钛中 C 含量较高温时有明显提升；Ti 元素的固溶量随着温度的升高而单调递增。

经分析可知，TiC 在奥氏体中的固溶度积一般比 TiN 要高 3 个数量级以上，两者的差值很大，因此通常可近似认为在温度较高的情况下，尤其是温度接近碳氮化钛的全固溶温度时，Ti 微合金化高强度低合金钢中沉淀析出的碳氮化钛几乎均为 TiN。由于 TiN 在奥氏体中的固溶度积极小，碳氮化钛在奥氏体中的全固溶温度一般远高于 Ti 微合金化高强度低合金钢热轧前的加热温度，轧制前的加热过程中必定存在一定量未溶的接近于二元相 TiN 的碳氮化钛粒子。在分析加热过程中第二相粒子对基体晶粒长大过程的阻碍作用时，可以只考虑未溶 TiN 的影响。进行计算的 Ti 微合金化高强度低合金钢的化学成分中 Ti 含量与 N 含量之比均大于形成二元相 TiN 的理想化学配比 3. 42，也就是说钢中所有的 N 均与 Ti 结合形成 TiN 而被固定后 Ti 仍有富余，对于这样的 Ti 微合金化高强度低合金钢来说，随着温度的降低，TiC 不断从奥氏体中析出，使碳氮化钛中 TiC 的比例增大。钢中的 Ti 含量一定时，N 含量越低，被 N 元素固定形成 TiN 的 Ti 就越少，则有更多的 Ti 可以与 C 结合以 TiC 的形式析出，即 N 含量的减少可以促进 TiC 的析出。当温度在 1000～1200℃时，平衡析出碳氮化钛的速度较快，此时固溶在奥氏体中的 N 已析出完全，主要是 TiC 的析出，使 x 值明显升高。

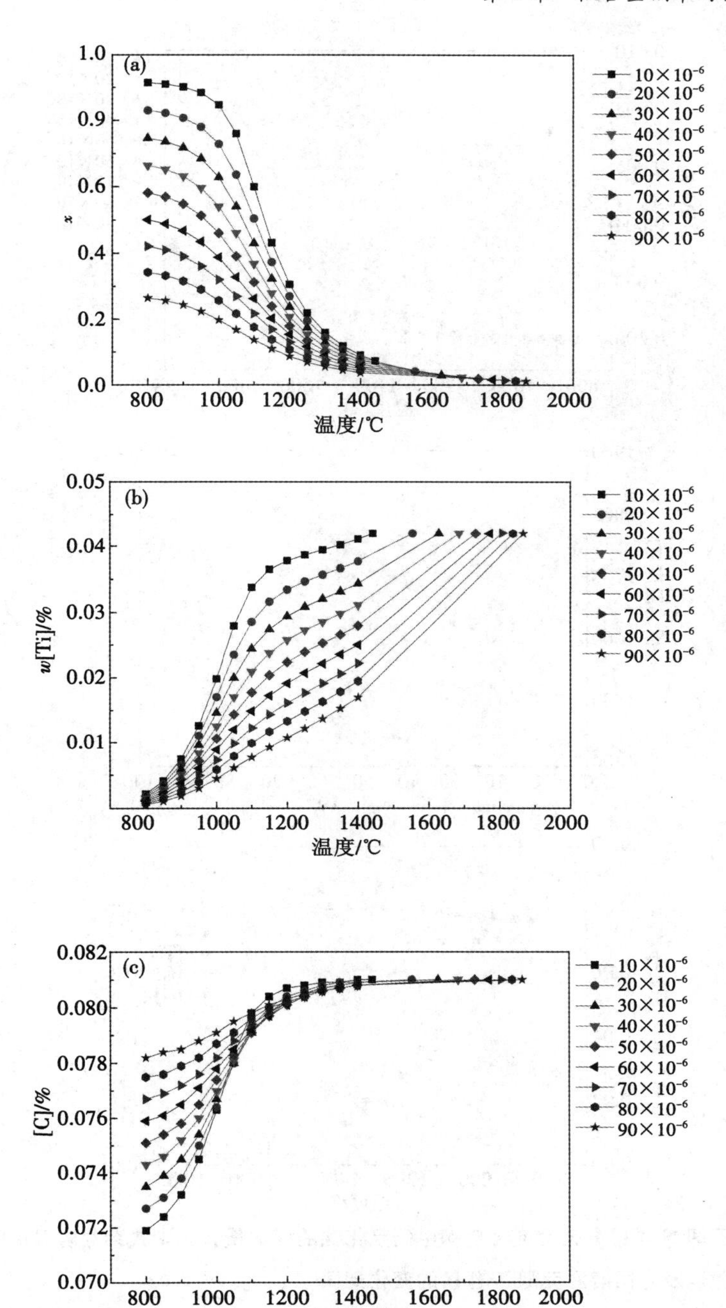
(a)
x
温度/℃
(b)
w[Ti]/%
温度/℃
(c)
[C]/%
温度/℃
10×10⁻⁶
20×10⁻⁶
30×10⁻⁶
40×10⁻⁶
50×10⁻⁶
60×10⁻⁶
70×10⁻⁶
80×10⁻⁶
90×10⁻⁶

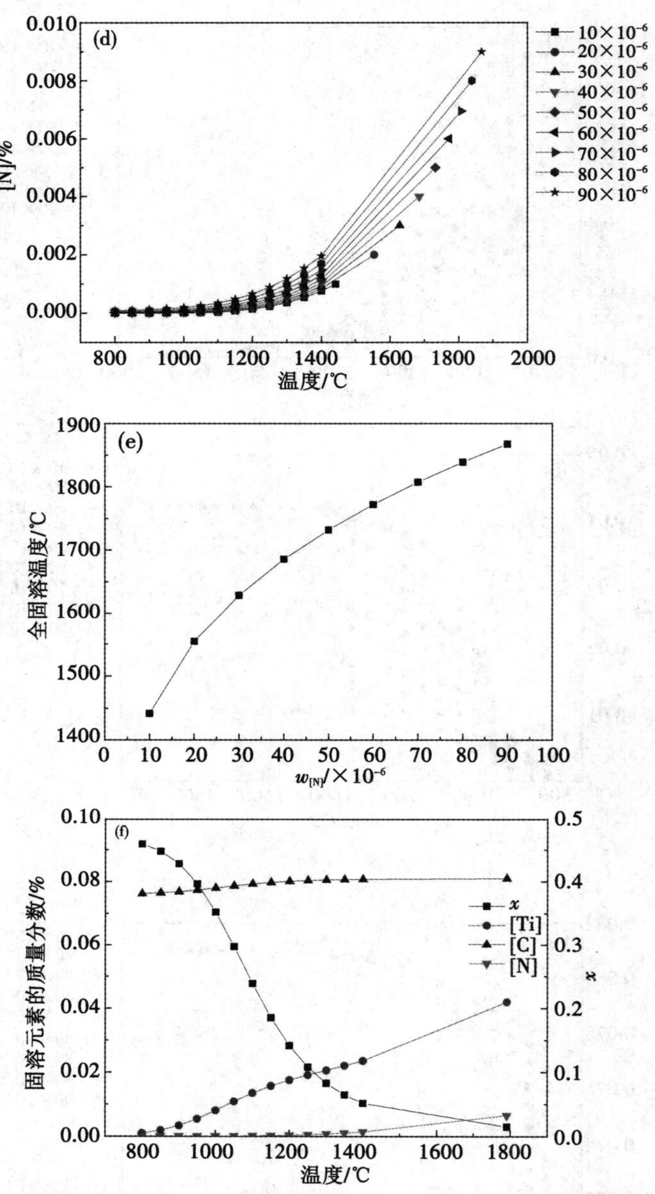

图 4.18　不同 N 含量高强度低合金钢中碳氮化钛的固溶量和化学式系数随温度的变化规律以及全固溶温度随 N 含量的变化规律

(a)—x；(b)—[Ti]；(c)—[C]；(d)—[N]；(e)—全固溶温度随 N 含量的变化规律；

(f)—$w_N=65\times10^{-6}$时各变量随温度变化的曲线

4.3.3 Ti微合金化高强度低合金钢的析出强化效果理论计算

4.3.3.1 计算方法

弥散细小的碳氮化物析出粒子一般在奥氏体区及奥氏体向铁素体相变过程中产生。由于碳氮化物粒子的硬度很大，变形时位错与碳氮化物第二相粒子相遇，几乎不可能将其切开，因此高强度低合金钢沉淀强化的机理是位错绕过钢中的碳氮化物粒子时发生弯曲，并形成环绕粒子的Orowan位错环，从而产生额外应力提高钢的强度。位错环强化机理与第二相粒子的尺寸成负相关，可以采用式(4.16)来确定钢中不可变形第二相粒子的强化作用

$$\sigma_P = \frac{\sqrt{6}Gbf_P^{1/2}}{1.18\pi^{3/2}k_P d_P} \times \ln\left(\frac{\pi k_d d_p}{4b}\right) \tag{4.16}$$

式中，σ_P 为析出强化增量，MPa；G 为切变弹性模量，MPa；b 为位错柏格斯矢量绝对值，nm；f_P 为析出相的体积分数，%；d_P 为析出相的平均直径，nm；k_P 和 k_d 分别为比例常数和析出相尺寸的修正参数，可分别取为0.8和1.1。

假设800℃时还没有发生奥氏体向铁素体相变，易知800℃平衡时奥氏体中的Ti元素析出完全，因此选择800℃平衡时的析出状态计算Ti(C，N)对Ti微合金钢屈服强度的贡献。由于TiN在奥氏体中的固溶度积很小，TiN粒子通常在很高温度下就析出完全，因此一般情况下Ti微合金钢中存在的TiN粒子尺寸较大(接近80nm)，可以假设析出强化的作用主要是TiC粒子的贡献。若变形时位错与弥散细小的TiC粒子相遇，只能通过Orowan机制绕过TiC粒子并留下Orowan位错环，产生析出强化效果。假设Ti微合金化高强度低合金钢中沉淀析出的TiC粒子的平均尺寸为5nm，组成中除了TiC外均以自由态形式存在，则由各组分的密度和质量分数可求出TiC的体积分数：

$$f = \frac{\dfrac{w_{TiC}}{\rho_{TiC}}}{\sum \dfrac{w_i}{\rho_i}} \times 100\% \tag{4.17}$$

式中，i 为各个组分；w 为质量分数；ρ 为密度。

其中TiC粒子的质量分数 w_{TiC} 可由800℃平衡时Ti元素在奥氏体中的固溶量[Ti]以及化学式系数 x 的计算结果按式(4.18)进行计算：

$$w_{TiC} = (w_{Ti} - [Ti]) \cdot x \cdot \frac{A_{TiC}}{A_{Ti}} \tag{4.18}$$

由此可以得到 Ti 微合金化高强度低合金钢中 TiC 粒子体积分数的表达式：

$$f = (w_{\text{Ti}} - [\text{Ti}]) \cdot x \cdot \frac{A_{\text{TiC}}}{A_{\text{Ti}}} \cdot \frac{\rho}{100\rho_{\text{TiC}}} \tag{4.19}$$

式中，ρ 为钢的密度，其值约为 7.85g/cm^3。

取 TiC 的理论密度 ρ_{TiC} 为 4.93g/cm^3，即可根据式(4.19)计算得到 Ti 微合金钢中 TiC 粒子的体积分数，并根据式(4.16)计算得到 Ti 微合金钢中 TiC 粒子析出强化对屈服强度的贡献。

4.3.3.2　不同 Ti 含量对 Ti 微合金化高强度低合金钢屈服强度的影响

不同 Ti 含量 Ti 微合金化高强度低合金钢中析出强化屈服强度增量的计算结果如表 4.1 所示。图 4.19 为不同 Ti 含量时 Ti 微合金化高强度低合金钢析出强化屈服强度增量的变化曲线。由图 4.19 可以看出，当[Ti]≤0.016%时，Ti 含量对屈服强度的影响很弱；当 0.016%<[Ti]≤0.032%时，Ti 含量对屈服强度影响很大，在此区间屈服强度对 Ti 含量十分敏感，强度随着成分变化不易控制，因此当进行 Ti 微合金化高强钢设计时应避免成分落入这一区间。当[Ti]>0.032%时，屈服强度随 Ti 含量增加而增加，可见 Ti 含量的增加对微合金钢起到了明显的强化作用。在成分设计的过程中，建议选择[Ti]≥0.04%，以保证产品性能稳定。

表 4.1　不同 Ti 含量 Ti 微合金化高强度低合金钢中析出强化屈服强度增量计算结果

钢	[C]/%	w_{C}-[C]/%	w_{TiC}/%	f/%	YS_{PO}/MPa
0.002%Ti	0.089996	0.000003924	0.000019563	0.000000310	2.52543
0.004%Ti	0.089991	0.000008911	0.000044427	0.000000704	3.80569
0.006%Ti	0.089985	0.000015403	0.000076793	0.000001217	5.00349
0.008%Ti	0.089976	0.000024186	0.000120582	0.000001911	6.26978
0.010%Ti	0.089963	0.000036682	0.000182882	0.000002899	7.72141
0.012%Ti	0.089944	0.000055717	0.000277782	0.000004403	9.51620
0.014%Ti	0.089912	0.000087590	0.000436688	0.000006921	11.93155
0.016%Ti	0.089852	0.000148095	0.000738342	0.000011703	15.51455
0.018%Ti	0.089723	0.000276686	0.001379444	0.000021864	21.20613
0.020%Ti	0.089472	0.000528379	0.002634284	0.000041752	29.30476
0.022%Ti	0.089108	0.000891710	0.004445705	0.000070461	38.06923
0.024%Ti	0.088688	0.001311784	0.006540024	0.000103653	46.17317
0.026%Ti	0.088242	0.001757880	0.008764078	0.000138899	53.45019

表4.1(续)

钢	[C]/%	w_C-[C]/%	w_{TiC}/%	f/%	YS_{PO}/MPa
0.028%Ti	0.087782	0.002217601	0.011056061	0.000175221	60.03333
0.042%Ti	0.084430	0.005569698	0.027768260	0.000440026	95.13466
0.056%Ti	0.081002	0.008998446	0.044862610	0.000710819	120.91467
0.070%Ti	0.077549	0.012451274	0.062077014	0.000983445	142.22452
0.084%Ti	0.074086	0.015914292	0.079342220	0.001256806	160.78061
0.098%Ti	0.070618	0.019381753	0.096629577	0.001530450	177.42261
0.112%Ti	0.067149	0.022850663	0.113924159	0.001804138	192.63460

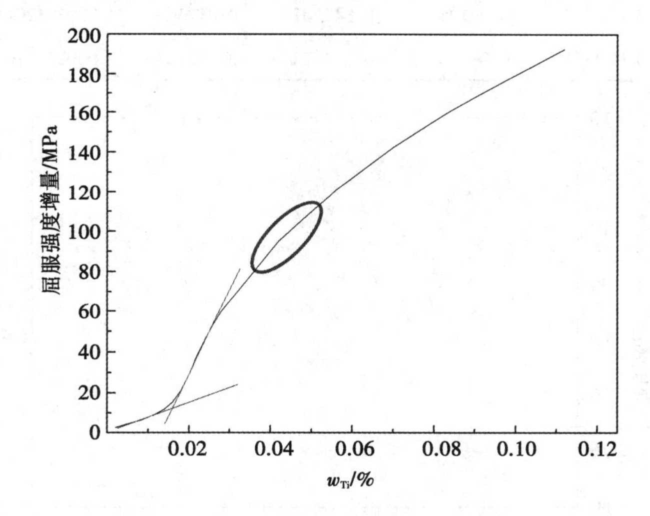

图 4.19　不同 Ti 含量对高强度低合金钢析出强化屈服强度的贡献

4.3.3.3　不同 N 含量对 Ti 微合金化高强度低合金钢屈服强度的影响

不同 N 含量 Ti 微合金化高强度低合金钢中析出强化屈服强度增量的计算结果如表 4.2 所示。图 4.20 为不同 N 含量时 Ti 微合金化高强度低合金钢析出强化屈服强度增量的变化曲线，可以看出，随着 N 含量的增加，屈服强度的增量逐渐减小，且 N 含量越高，屈服强度增量减小的趋势越明显。因此，在炼钢时应严格控制钢中 N 含量，以保证产品的性能达标并保持稳定。

表 4.2　不同 N 含量 Ti 微合金化高强度低合金钢中析出强化屈服强度增量计算结果

w_N	[Ti]/%	w_{Ti}-[Ti]/%	x	w_{TiC}/%	f/%	YS_{PO}/MPa
10×10^{-6}	0.002147	0.039853	0.914441	0.045588	0.000725892	120.78
20×10^{-6}	0.001927	0.040073	0.829875	0.041600	0.000662399	115.38
30×10^{-6}	0.001714	0.040286	0.746259	0.037608	0.000598824	109.70
40×10^{-6}	0.001508	0.040492	0.663562	0.033611	0.000535193	103.71
50×10^{-6}	0.001308	0.040692	0.581771	0.029614	0.000471541	97.35
60×10^{-6}	0.001114	0.040886	0.500897	0.025619	0.000407922	90.54
70×10^{-6}	0.000926	0.041074	0.420994	0.021631	0.000344423	83.20
80×10^{-6}	0.000745	0.041255	0.342207	0.017660	0.000281201	75.18
90×10^{-6}	0.000571	0.041429	0.264877	0.013727	0.000218576	66.28

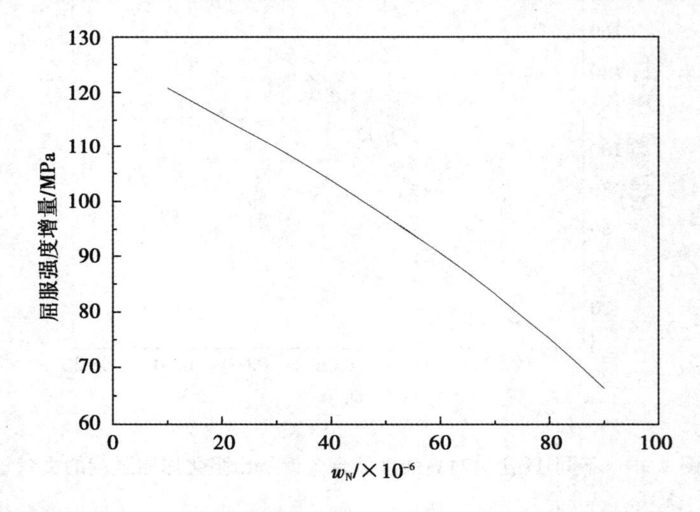

图 4.20　不同 N 含量对高强度低合金钢析出强化屈服强度的贡献

参考文献

[1] Hulka K.High strength large diameter pipe plate: from standard production to X80/X100[J].Niobium information,1997,13(7):1996.

[2] 任家宽.Ti 微合金低碳钢组织性能控制的研究[D].沈阳:东北大学,2017.

[3] 周晓光,王猛,杨洁,等.基于超快冷技术含 Nb 钢组织性能控制及应用[M].北京:冶金工业出版社,2015.

[4] 雍岐龙.钢材材料中的第二相[M].北京:冶金工业出版社,2006.

[5]　叶舜发.管线用铌微合金化钢板的生产技术[J].上海技术,1998,20(6):10-16.

[6]　齐俊杰,黄运华,张跃.微合金化钢[M].北京:冶金工业出版社,2006.

[7]　王中丙.我国短流程薄板坯连铸连轧工艺发展的若干问题[J].钢铁,2002,37(8):71-73.

[8]　Buyyichi G,Anneli E.Present status and perspectives of European research in the field of advanced structural steels[J].ISIJ international,2002,42(12):1354-1363.

[9]　刘丽华,梁龙飞,贾宁辰,等.铌钒微合金化 BS460 钢筋的试制[J].特殊钢,2002,23(2):51-52.

[10]　张丹萍.超快冷下钒微合金化大梁钢组织性能研究与工艺开发[D].沈阳:东北大学,2011.

[11]　Kostryzhev A G,Shahrani A A,Zhu C,et al.Effect of deformation temperature on niobium clustering,precipitation and austenite recrystallisation in a Nb-Ti microalloyed steel[J].Materials science and engineering A,2013,581(1):16-25.

[12]　Sellars C M,Tegart W J M G.Hot workability[J].International metallurgical reviews,1972,17(1):1-24.

[13]　Cho S H,Kang K B,Jonas J J.The dynamic,static and metadynamic recrystallization of a Nb-microalloyed steel[J].ISIJ international,2001,41(1):63-69.

[14]　Zener C,Hollomon J H.Effect of strain rate upon plastic flow of steel[J].Journal of applied physics,1944,15(1):22-32.

[15]　Ryan N D,McQueen H J.Dynamic softening mechanisms in 304 austenitic stainless steel[J].Canadian metallurgical quarterly,1990,29(2):147-162.

[16]　Anelli E.Application of mathematical modelling to hot rolling and controlled cooling of wire rods and bars[J].ISIJ international,1992,32(3):440-449.

[17]　McQueen H J,Ryan N D.Constitutive analysis in hot working[J].Materials science and engineering A,2002,322(1/2):43-63.

[18]　Rawers J C,Wrzesinski W R,Roub E K,et al.TiAl-SiC composites prepared by high temperature synthesis[J].Materials science and technology,1990,6(2):187-191.

第 5 章　钢铁材料固态相变行为

5.1　相变基本概念及分类

当一种固相由于热力学条件(如温度、压力、作用于该固体的电场、磁场等)变化变得不稳定的时候，如果没有对相变的阻碍，将会通过相结构(原子或电子组态)的变化，转变成更为稳定或平衡的状态，此即发生固态相变。在金属学中，相变常指一种组织在温度或压力变化时，转变为另一种或多种组织的过程，如钢中奥氏体相向铁素体、贝氏体、马氏体等相的转变。

金属中的固态相变的种类很多，难以归类，分类方法也不一。分类是根据研究对象的共同点和差异点，将对象划分为不同的种属的方法。相变按平衡状态分类，可以分为平衡相变和非平衡相变；按动力学分类，可以分为扩散型相变和无扩散型相变；按热力学分类，可以分为一级相变、二级相变和更高级相变。

5.1.1　按平衡状态分类

(1)平衡相变

在足够缓慢加热或者冷却过程中发生的相变，符合相图中所描述的相转变过程，都是平衡相变。常见的主要有以下几种。

① 纯金属的同素异构转变(多形性转变)。

纯金属在温度和压力改变时，由一种晶体结构转变为另一种晶体结构的过程称为同素异构转变。例如纯铁加热后降温到 910℃以下，由面心立方相(γ)转变为体心立方相(α)：

$$\gamma \rightarrow \alpha \tag{5.1}$$

其他很多金属如钛、钴、锡等也可以发生同素异构转变。同素异构转变也称为多形性转变，不仅在纯金属中发生，在固溶体中也可以发生。

② 平衡脱溶沉淀。

在缓慢冷却的条件下，由过饱和的固溶体(α)析出脱溶相(β)的过程，称为平衡脱溶沉淀。随着新相的不断析出，母相的成分也发生变化(α′)，但母相的晶体结构不变。表示为：

$$\alpha \rightarrow \alpha' + \beta \tag{5.2}$$

钢中二次渗碳体或者铁素体从奥氏体中的析出都是脱溶沉淀。

③ 共析转变。

在冷却时，一个固相(γ)完全分解为两个更稳定相(α，β)的过程称为共析转变。共析转变的两个产物都与母相完全不同。反应完成，母相消失，被新相的混合物所代替。表示为：

$$\gamma \rightarrow \alpha + \beta \tag{5.3}$$

共析钢(Fe-0.77C)在冷却过程中由奥氏体母相同时析出铁素体和渗碳体，得到珠光体组织的过程是共析转变。共析转变生成的两相比例固定，按比例协调生长，往往形成层片状的结构。在加热时，也可以发生α相和β相同时转变成γ相的过程。

④ 调幅分解。

一个均匀的单相固溶体(α)分解为两种结构与母相相同、但成分有明显差别的两相(α_1和α_2)的转变称为调幅分解。表示为：

$$\alpha \rightarrow \alpha_1 + \alpha_2 \tag{5.4}$$

调幅分解的特点是需要上坡扩散过程(溶质由低浓度区向高浓度区扩散)，使均匀的固溶体变成两相不均匀的固溶体。

⑤ 有序转变。

固溶体中各种不同种类的原子可以是随机占位的，称为无序固溶体；不同种类原子的位置也可以是相对固定的，称为有序固溶体或者有序相。固溶体中各组元原子的相对位置由无序(α)转变为有序(α′)的过程，称为有序转变。表示为：

$$\alpha(\text{无序}) \rightarrow \alpha'(\text{有序}) \tag{5.5}$$

铜-锌、金-铜等很多合金系中都可以发生有序转变，其转变的产物常称为有序金属间化合物。

(2)非平衡相变

由于加热或者冷却的速度过快，平衡相变受到抑制，得不到平衡的相变产物，固态金属中就会发生一些相图上不能反映出来的非平衡相变，得到亚稳的组织。在合金(以钢铁为主)中常见的非平衡相变主要如下。

① 马氏体转变。

如果冷却速度非常快(例如淬火)，使钢中的高温奥氏体母相迅速过冷到很低的温度，奥氏体由面心立方结构转变成体心正方结构时，其内部的原子来不及进行扩散而保留了含有过饱和碳的母相成分，获得了马氏体组织，称为马氏体相变。马氏体相变是提高钢铁材料强度的一个重要手段，对于中碳钢，通过马氏体相变其硬度可以达到 HRC60 以上，大约是平衡组织(珠光体+铁素体)的 3 倍。除了钢以外，在很多合金(如 Cu-Zn，Ni-Al，Fe-Mn，Fe-Ni)中都能发生马氏体相变。基于马氏体相变而发展的形状记忆合金在航空航天、医疗、机械电子、化工能源等领域已经有了广泛的应用。

② 块状转变。

在一定的冷却速度(小于马氏体相变需要的冷却速度)下，母相通过界面的短程扩散，转变为成分相同但晶体结构不同的块状新相，称为块状转变。与马氏体相不同，块状新相并不过饱和。在低碳钢中 γ 可以通过块状转变成为 α，铜-锌、银-铝、钛-铝等合金也可以发生块状转变。

③ 贝氏体转变。

奥氏体快速冷却到低于先共析铁素体和珠光体相变温度，但高于马氏体形成温度的温区等温(对于中碳钢，例如 300～600℃)，可以得到一类特殊的组织，称为贝氏体。贝氏体相变也称为中温转变，贝氏体由铁素体和碳化物组成，但其形态和分布与珠光体不同。关于贝氏体相变的机制有两种观点：一种认为类似珠光体的非层片状组织，通过扩散形成；另一种认为类似于马氏体相变，是无扩散切变形成的。半个多世纪以来，两种理论的争鸣一直是相变研究的一个热点问题，至今仍未完全定论。通过适当的成分设计，贝氏体相变也可以在连续冷却过程中形成。在贝氏体相变基础上发展的兼有高强度和高韧性的贝氏体组织钢近年来在国内外得到了广泛的关注和应用。

④ 伪共析转变。

接近共析成分的钢，在快速冷却到一定温度时，也可以同时析出铁素体和渗碳体，类似于共析相变，但其转变产物中的铁素体和渗碳体的比例并不固定，随奥氏体成分而变化，故称为伪共析转变。

⑤ 非平衡脱溶沉淀。

过饱和的固溶体快速冷却到低温，然后等温使母相中析出成分与结构均与平衡沉淀相不同的新相的过程称为非平衡脱溶沉淀。对于很多有色合金，非平衡脱溶是最主要的强化手段之一。

5.1.2 按动力学分类

固态相变发生相的晶体结构的改造或化学成分的调整，需要原子迁移才能完成。若原子的迁移造成原有原子的邻居关系的破坏，则属扩散型相变；反之，若不破坏原有原子的邻居关系，原子位移不超过原子间距，则为无扩散型相变。

(1)扩散型相变

在相变时，新旧相界面处，在化学位差的驱动下，旧相原子单个地、无序地、统计地越过界面进入新相；在新相中，原子打乱重排，新旧相原子排列顺序不同，界面不断向旧相推移。这种现象被称为相界面热激活迁移，它受原子扩散控制，是扩散激活能和温度的函数。扩散型相变又分为界面控制扩散型相变和体扩散控制扩散型相变两种。

(2)无扩散型相变——马氏体相变

马氏体相变属无扩散相变，新旧相的结构不同，但化学成分相同。与扩散型相变的根本区别是马氏体相变的界面推移速度与原子的热激活跃迁因素无关。界面处母相一侧的原子不是以热激活机制单个地、无序地、统计地跃过相界面进入新相，而是集体定向地协同位移。相界面在推移过程中保持共格关系。徐祖耀提出了马氏体相变定义的新观点：替换原子经无扩散切变位移(均匀的和不均匀的形变)，由此产生形状改变和表面浮凸，呈不变平面应变特征的一级、形核-长大的相变。

马氏体相变存在于钢、有色金属以及陶瓷等材料中。马氏体相变是钢的主要强化手段之一，也是材料获得某些特殊功能的手段，如形状记忆合金的形状记忆功能。金属固态相变具有自组织机制，扩散与无扩散的原子跃迁方式是在外界条件变化时通过系统自组织调节的。如一定成分的奥氏体在 A_{r1} 温度下，以扩散方式进行珠光体分解；而温度降至 M_s 点时，则以无扩散方式进行马氏体转变；而在 B_s 与 M_s 之间的温度时，则发生贝氏体相变。贝氏体相变在原子跃迁方式上具有过渡性。在中温区，碳原子可以扩散，某些合金元素的原子也有一定的扩散能力，相变究竟以扩散还是以无扩散方式进行要靠金属自组织机制来进行调度。

5.1.3 按热力学分类

相变的发生是由于某一个固相在给定的热力学条件下成为不稳定的物系，该固相就会具有通过结构或成分的变化使物系的自由能下降的趋势。从原子或分子的组态变化来考虑，相变可以有三个基本方式：第一，结构变化，如熔化、凝固、多晶型转变、马氏体相变、块型转变(massive transformation)；第二，成分的变化，如具有溶解度间隔(solubility gap)的物系中一个相分为两种与原来结构相同而成分不同的相；第三，有序程度的变化，如黄铜的有序化。大多数转变则兼具两种或三种过程。这些变化都伴有相应的自由能变化。

在相变时，物系的自由能保持连续变化，但其他热力学函数如体积、焓、熵等发生不连续变化。根据 Gibbs 自由能(即自由焓 G)高阶导数发生不连续的情况(阶数)，可以将相变相应地分级：相变时体积及熵变化间断的相变为一级相变，如多晶型相变，它们伴有结构变化和相变潜热；焓、热膨胀与压缩系数发生突变的相变为二级相变，如某些有序无序转变。实际上，除了超导转变外，一般相变并不严格符合这些定义，而是介乎两者之间。许多铁磁体的居里点则属于二级相变点。

5.2 相变点的测定及 CCT 曲线绘制

许多热处理工艺是在连续冷却过程中完成的，如炉冷退火、空冷正火、水冷淬火等。在连续冷却过程中，钢的过冷奥氏体同样能进行等温转变时所发生的几种转变，即珠光体转变、贝氏体转变和马氏体转变等，而且各个转变的温度区也与等温转变时的大致相同。在连续冷却过程中，不会出现新的在等温冷却转变时所没有的转变。但是，奥氏体的连续冷却转变不同于等温转变。因为，连续冷却过程要先后通过各个转变温度区，因此可能先后发生几种转变。而且，冷却速度不同，可能发生的转变也不同，各种转变的相对量也不同，因而得到的组织和性能也不同。所以，连续冷却转变就显得复杂一些，转变规律性也不像等温转变那样明显，形成的组织也不容易区分。过冷奥氏体等温转变的规律可以用 C 曲线来表示出来。同样地，连续冷却转变的规律也可以用另一种 C 曲线表示出来，这就是连续冷却 C 曲线，也叫作热动力学曲线。根据英文名称字头，又称为CCT(continuous cooling transformation)曲线。

控轧控冷技术中的控制冷却是指控制钢材轧制后的冷却过程，在这一过程中热变形的奥氏体会发生相变而且会析出微合金元素的碳氮化物，产生相变强化、析出强化、细晶强化的效果。冷却制度不同，得到的相变产物以及析出的第二相粒子的尺寸、分布及形貌都会不同。钢板的最终组织状态会决定其力学性能的优劣。所以，为了得到良好的综合力学性能，必须通过设计合理的冷却制度从而得到微观组织的理想状态，因此对过冷奥氏体的相变行为进行研究显得尤为重要。

5.2.1　相变点的测定

5.2.1.1　经验公式计算相变点

A_{c1}，A_{c3}分别表示在加热过程中实验钢组织开始转变为奥氏体和奥氏体转变结束时的温度，它们对钢的热处理工艺的制定以及新材料和新工艺的设计都具有重要意义。因此对A_{c1}和A_{c3}的预测具有较大的理论和应用价值。

Andrews搜集了英、德、法、美等国家的资料，通过对大量试验数据进行回归分析，获得了根据钢的化学成分计算A_{c1}和A_{c3}温度的经验公式：

$$A_{c3}=910-203(w_C)^{1/2}-15.2w_{Ni}+44.7w_{Si}+104w_V+31.5w_{Mo}+13.1w_W \quad (5.6)$$

$$A_{c1}=723-10.7w_{Mn}-13.9w_{Ni}+29w_{Si}+16.9w_{Cr}+290w_{As}+6.38w_W \quad (5.7)$$

式中，适用钢的成分范围为：$w_C \leqslant 0.6$，$w_{Mn} \leqslant 4.9$，$w_{Cr} \leqslant 5$，$w_{Ni} \leqslant 5$，$w_{Mo} \leqslant 5.4$。

5.2.1.2　差热分析测定相变点

利用差热分析仪测定实验钢的相变点的原理是不同相的比热容不同导致吸热量不同。室温下钢锭原始组织在升温过程中逆转变为奥氏体，在转变为奥氏体的过程中，试样本身会有一定的放热量，该放热量与标样放热量对比得到DSC曲线的放热量差。在放热量开始产生拐点的时候，意味着因熵不同导致吸热开始发生效应，也就意味着逆转变的开始，即需要的A_{c1}点；当放热曲线出现另一个拐点后开始沿另一放热速率均匀变化时，意味着相变的结束，即A_{c3}点。然后可用切线法测量相变温度点。

5.2.1.3　热膨胀法测定相变点

钢在发生连续冷却相变时，随着温度的降低，奥氏体会在不同的温度下转变成不同的相。在冷却速度适宜的条件下，一般低碳钢会依次发生奥氏体→铁素体→珠光体→贝氏体→马氏体的转变，不同的冷却速度下转变产物、每种相的转变开始温度也会有所不同。不同的相比热容是不同的，各相比热容的大小关系为：奥氏体<铁素体<珠光体<贝氏体<马氏体，而线膨胀系数正好与之相反。钢材在加热或冷却过程中由于热胀冷缩和相变的原因会发生体积的变化，其线长度的变化可用式(5.8)表示：

$$\Delta L = \Delta L_{热} + \Delta L_{相} \tag{5.8}$$

式中，ΔL 为加热或者冷却过程中总的膨胀量；$\Delta L_{热}$ 为热胀冷缩效应引起的膨胀量；$\Delta L_{相}$ 为相变体积效应引起的膨胀量。在一定温度范围内，在某一相范围内可近似认为各温度下的线膨胀系数等于线平均膨胀系数，即 $\Delta L_{热} = \alpha \cdot T$，不发生相变时，$\Delta L_{相} = 0$，则有 $\Delta L = \Delta L_{热} = \alpha \cdot T$，体现在热膨胀曲线上是线性变化。当发生相变时，$\Delta L_{相} \neq 0$，$\Delta L = \alpha \cdot T + \Delta L_{相}$，因此热膨胀曲线就会发生弯曲，当相变完成时，$\Delta L$ 与 ΔT 之间又恢复线性关系。

在热膨胀曲线上确定相变温度的方法很多，通常采用定点法或切线法，经常采用的是切线法。当温度降低时，对相变前和相变后的热膨胀曲线分别作切线如图 5.1 所示，图中曲线与切线明显分离点对应的横坐标 T_s 和 T_f 即相变开始温度和相变结束温度。

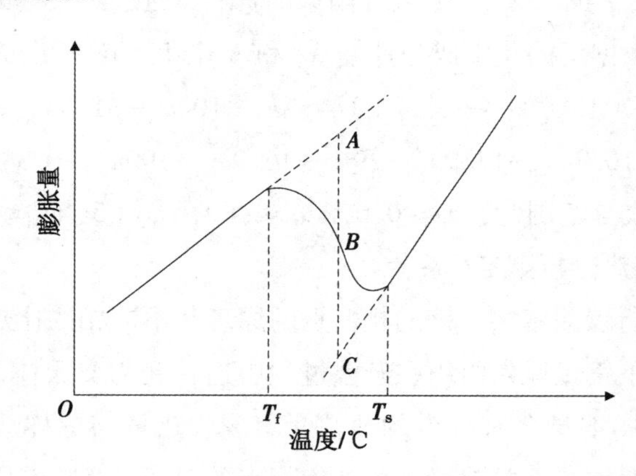

图 5.1 切线法确定相变温度示意图

当相变过程只发生一种相变时，T_s 和 T_f 即相变的开始温度和结束温度，但如果发生多种相变，两拐点之间没有明显的转折点时，其他相的相转变温度就需要运用“杠杆法”来确定。假设在 T_s 到 T_f 之间发生了两种或两种以上的相变，此情况下近似认为不同相的相变量与相变体积效应成正比，如图 5.1 所示，在某一温度 T 处作一条直线与两条切线延长线及热膨胀曲线从上到下依次交于 A，B，C 三点，则 AC 为完全发生相变引起的长度变化，BC 为 T 温度下新相生成所引起的长度变化，α 为相变百分数，对应关系可用式(5.9)表示：

$$\alpha = \frac{BC}{AC} \times 100\% \tag{5.9}$$

5.2.2　CCT 曲线的绘制

5.2.2.1　静态 CCT 曲线的绘制

根据热模拟实验得到的热膨胀-温度曲线和对应的金相组织可以获得 C-Mn-Nb 钢不同冷却速度下的各相组织转变温度。其中，F 为铁素体，P 为珠光体，B 为贝氏体，M 为马氏体。

绘制未变形条件下的 C-Mn-Nb 钢静态 CCT 曲线，如图 5.2 所示。由图可知，在冷却过程中，依据相变的金相组织可以划分为 4 个转变区域，主要由高温相变区间 A→F 转变区域和 A→P 转变区域、中温转变区间 A→B 转变区域和低温转变区间 A→M 组成。其中 A→F 转变的温度区间为 700~603℃，A→P 转变温度区间为 644~617℃，A→B 转变温度区间为 628~488℃，A→M 转变温度区间为 474~301℃。

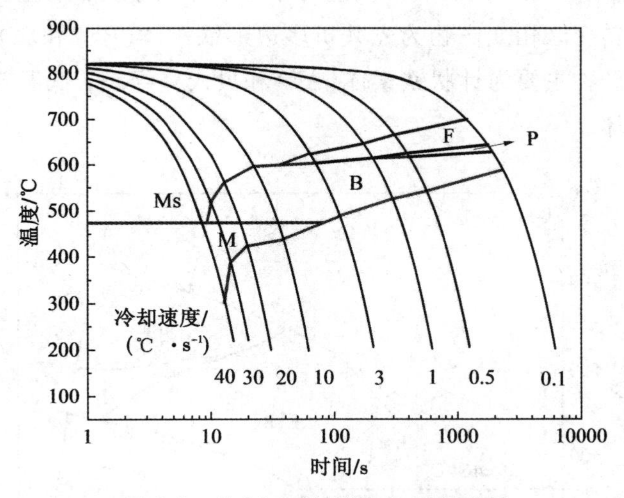

图 5.2　C-Mn-Nb 钢静态 CCT 曲线

5.2.2.2　动态 CCT 曲线的绘制

变形对相变的影响较大，因此研究实验钢的动态 CCT 曲线具有更为重要的意义。以 C-Mn-Nb 系钢为例，设计了三种不同变形工艺条件下的连续冷却相变实验，具体的实验方案如图 5.3 所示。变形工艺 A 模拟再结晶区轧制，变形工艺 B(第二道次变形温度为 910℃)和 C(第二道次变形温度为 850℃)在工艺

A 基础上增加第二道次变形以模拟未再结晶区轧制。实验钢三种变形工艺条件下的动态 CCT 曲线如图 5.4 所示。

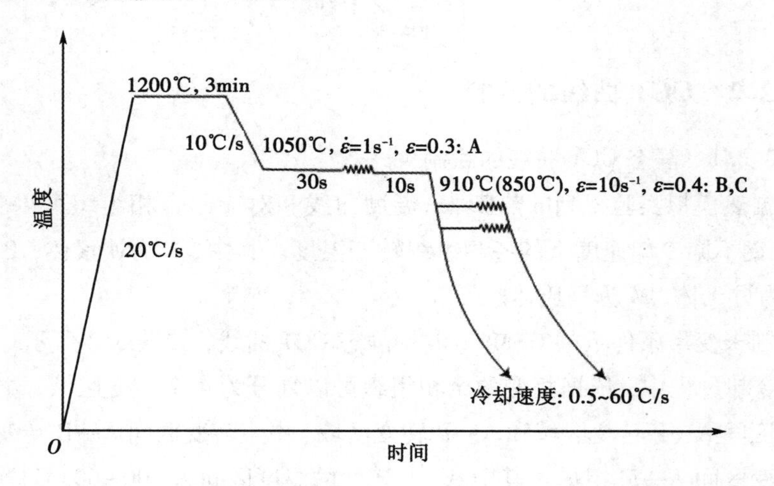

图 5.3　不同变形工艺实验钢的连续冷却实验工艺图

由图 5.4 可以看出，三种变形工艺的相变规律基本类似，主要包括三个相变区域。高温转变区相变产物为先共析多边形铁素体(PF)和珠光体组织；中温转变区相变产物主要为针状铁素体(AF)和贝氏体组织；低温转变区相变产物主要为马氏体。

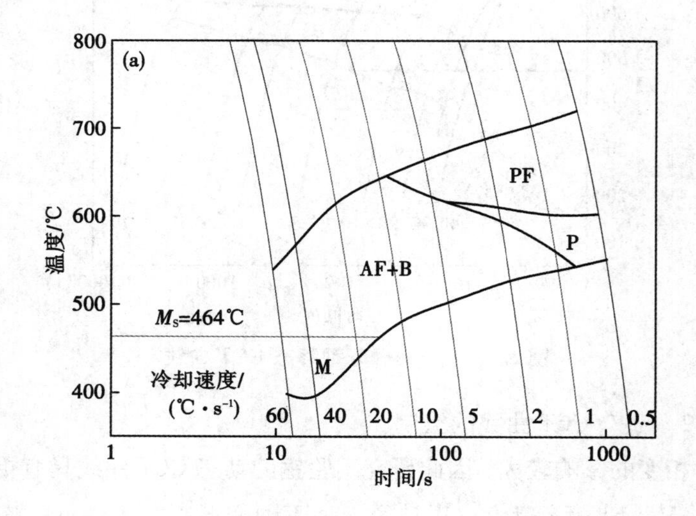

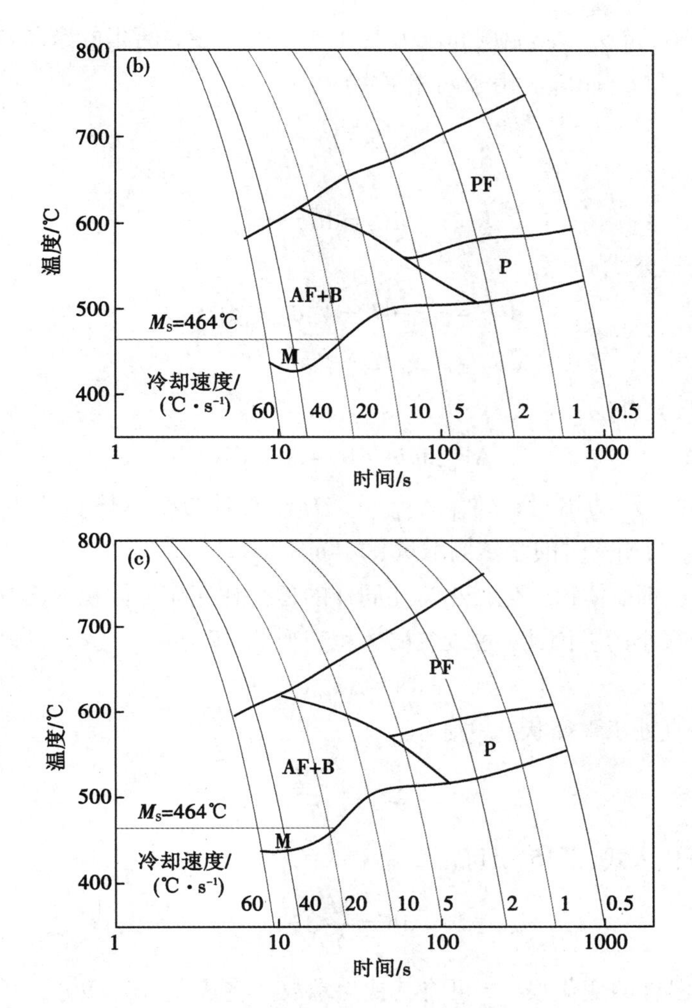

图 5.4　不同变形工艺实验钢的连续冷却转变曲线

(a)—变形工艺 A；(b)—变形工艺 B；(c)—变形工艺 C

5.3　变形对连续冷却相变的影响

5.3.1　变形功与相变温度的关系

假设在温度 T 和压力 p 条件下，单元体系的两相处于平衡状态。当温度和压力发生变化后，两相仍处于平衡状态。设两相分别为 α 相和 β 相，其摩尔自

由焓分别为 G_α 和 G_β。当温度和压力改变 $\mathrm{d}T$ 和 $\mathrm{d}p$ 后，两相的摩尔自由焓分别变为 $G_\alpha+\mathrm{d}G_\alpha$ 和 $G_\beta+\mathrm{d}G_\beta$。由于两相平衡时，

$$G_\alpha = G_\beta \tag{5.10}$$

则：

$$\mathrm{d}G_\alpha = \mathrm{d}G_\beta \tag{5.11}$$

将热力学公式

$$\left.\begin{aligned} \mathrm{d}G_\alpha &= -S_\alpha \mathrm{d}T + V_\alpha \mathrm{d}p - \mathrm{d}W \\ \mathrm{d}G_\beta &= -S_\beta \mathrm{d}T + V_\beta \mathrm{d}p \end{aligned}\right\} \tag{5.12}$$

代入式(5.11)，得：

$$\Delta V_{\beta\alpha}\mathrm{d}p + \mathrm{d}W = \Delta S_{\beta\alpha}\mathrm{d}T \tag{5.13}$$

式中，$\mathrm{d}W$ 为变形功增量；$\Delta V_{\beta\alpha}=V_\beta-V_\alpha$ 为相变时的摩尔体积增量，$\mathrm{m^3/mol}$；$\Delta S_{\beta\alpha}=S_\beta-S_\alpha$ 为相变时的摩尔熵增量，$\mathrm{J/(mol\cdot K)}$。

发生相变时，体积变化很小。在同样的压力作用下，体积变形功与形状变形功相比是很小的。因此，可以忽略体积变形功，则有：

$$\mathrm{d}W = \Delta S_{\beta\alpha}\mathrm{d}T \tag{5.14}$$

由于两相一直处于平衡状态，则有：

$$\Delta S_{\beta\alpha} = \frac{\Delta H}{T} \tag{5.15}$$

将式(5.14)代入式(5.15)，可得：

$$\mathrm{d}W = \frac{\Delta H}{T}\mathrm{d}T \tag{5.16}$$

假设 ΔH 随温度的变化很小，可将其视为常数。将式(5.16)积分，可得：

$$\int \mathrm{d}W = W = \Delta H\int_{T_0}^{T}\frac{\mathrm{d}T}{T} = \Delta H\ln\frac{T}{T_0} \tag{5.17}$$

式中，T_0 为无形变时金属的相变温度，K。

由式(5.17)可得：

$$T = T_0\exp\left(\frac{W}{\Delta H}\right) \tag{5.18}$$

式(5.18)给出了变形功与相变温度的关系。从式(5.18)中可以看出，随着变形功的增加，相变温度升高。

5.3.2　变形对连续冷却相变开始温度的影响

表 5.1 给出了不同变形工艺条件下的相变开始温度。结合图 5.3 与图 5.4 可以看出，未再结晶区的变形（工艺 B 与工艺 C）能够提高铁素体及贝氏体的相变开始温度，扩大铁素体及珠光体的相变区域，并且使铁素体相变区左移。变形工艺 B，C 的第二道次变形均在奥氏体未再结晶区。但工艺 C 的变形温度更低，因此变形工艺 C 的铁素体及贝氏体的相变开始温度要略高于变形工艺 B。

表 5.1　不同变形工艺条件下的相变开始温度

冷却速度/(℃·s^{-1})	相变开始温度/℃（工艺 A）	相变开始温度/℃（工艺 B）	相变开始温度/℃（工艺 C）
0.5	721	748	762
1	702	724	739
2	689	705	712
5	664	670	679
10	642	658	654
20	619	622	627
40	566	597	609
60	540	582	595

未再结晶区的变形能够增加奥氏体中的位错密度，产生变形带及亚晶等缺陷。位错密度的增加能够提高系统的自由能，提高铁素体的相变驱动力。此外，大量的位错、变形带及亚晶等缺陷能够为铁素体相变提供更多的形核位置，大幅提高铁素体的形核率，从而能够提高铁素体的相变开始温度，扩大铁素体及珠光体的相变区，并使得铁素体相变区左移。

奥氏体中的位错密度可以通过 $\Delta\rho=(\sigma_m/0.2\mu b)^2$ 进行估算。式中，σ_m 为平均流变应力，μ 为剪切模量（4×10^4 MN/m^2），b 为柏格矢量（2×10^{-10} m）。通过计算，三种变形工艺条件下奥氏体中的位错密度分别约为 4.7×10^{15}，1.1×10^{16} 和 1.5×10^{16} m^{-2}。可以看出，工艺 B 与工艺 C 中的位错密度要高于工艺 A 奥氏体中的位错密度。因此变形工艺 B，C 的铁素体相变开始温度要高于变形工艺 A。而对于同在未再结晶区变形的工艺 B，C 来说，两者变形后奥氏体形貌基本类似。但是工艺 C 的变形温度较低，其奥氏体中的位错密度也较高，因此工艺 C 的铁素体的相变开始温度略高于变形工艺 B。

奥氏体未再结晶区的变形不仅能够提高铁素体的相变开始温度，也能够提高连续冷却条件下贝氏体的相变开始温度。晶界储存能的增加和变形过程中变形带的形成可以促进贝氏体形核，提高贝氏体的相变开始温度，同时能够细化贝氏体组织。从表 5.1 中也可以看出，变形工艺 B，C 的贝氏体相变开始温度要高于变形工艺 A。未再结晶区变形时，变形温度越低，奥氏体组织内部的位错密度就越高，晶界储能也会随之升高。工艺 C 的变形温度要低于变形工艺 B，因此工艺 C 的贝氏体相变开始温度要高于工艺 B 的贝氏体相变开始温度。

5.3.3 变形对连续冷却相变完成时间的影响

未再结晶区的变形能够促进铁素体相变，但是铁素体相变过程并未因未再结晶区的变形而加快。不同冷却速度下的相变完成时间可以通过$(T_s-T_f)/CR$计算，T_s为相变开始温度，T_f为相变结束温度，CR 为冷却速度。变形工艺对不同冷却速度条件下相变完成时间的影响规律如图 5.5 所示。从图中可以看出，随着冷却速度的增大，相变时间迅速缩短。在相同冷却速度下，当冷却速度大于 5℃/s 时，三种变形工艺的相变时间基本相同，而当冷却速度小于 2℃/s 时，910℃变形后相变时间最长，其次是 850℃变形，1050℃变形时相变所需时间最短。变形在一定程度上能够抑制铁素体及珠光体的相变过程。一方面，随着未再结晶区变形奥氏体中铁素体的大量形核及相变过程的进行，变形奥氏体中的形变储能降低，新的形核点减少，使得后续的相变过程减缓；另一方面，未再结晶区变形过程中形变诱导析出的 Nb(C，N)可以阻碍 γ/α 相界面的移动，从而减缓了铁素体相变过程。

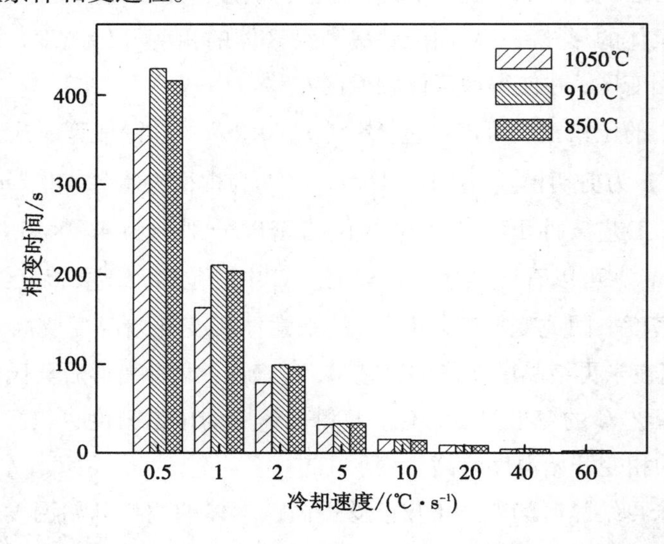

图 5.5　不同变形工艺及冷却速度条件下的相变时间

5.3.4　变形对连续冷却转变组织的影响

图 5.6 为不同变形工艺在冷却速度为 0.5℃/s 条件下的金相组织，可以看出，三种工艺条件下的组织均为先共析铁素体和珠光体。工艺 A 铁素体平均晶粒尺寸约为 22μm。

而工艺 B 和工艺 C 的铁素体晶粒尺寸分别细化为 13μm 和 10μm，这是由于未再结晶奥氏体保留了大量的位错、变形带及亚晶等缺陷，这些缺陷为铁素体的非均匀形核提供了更多的形核位置，大幅提高了铁素体形核率，从而细化了铁素体晶粒。与工艺 B 相比，工艺 C 第二道次变形温度降低了 60℃，变形后奥氏体内部存在更多的位错、变形带等缺陷。而这些缺陷能够为随后的相变过程提供较多的相变形核点，因此相变组织可以得到进一步的细化。

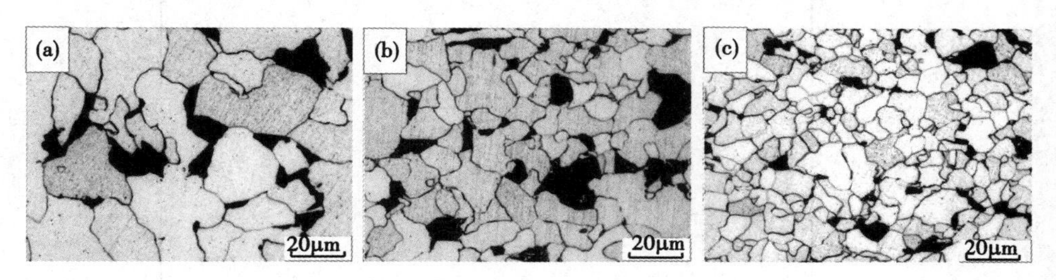

图 5.6　变形量和变形温度对转变组织的影响

冷却速度 0.5℃ · s^{-1}；(a)—工艺 A；(b)—工艺 B；(c)—工艺 C

5.4　冷却速度对连续冷却相变的影响

5.4.1　冷却速度影响连续冷却相变温度的热力学分析

冷却速度对相变温度有很大的影响。冷却速度将引起体系自由焓发生变化。设冷却速度所引起的体系自由焓增量为 $df(v)$，则采用与变形功和相变温度的分析方法相同的方式，可得：

$$T = T^0 \exp\left(\frac{f(v)}{\Delta H}\right) \tag{5.19}$$

式中，T^0 为平衡状态下的相变温度，K。

在连续冷却条件下，$f(v)$可以用$f(v)=av^b$表示，将$f(v)$代入式(5.19)可得：

$$T=T^0\exp\left(\frac{av^b}{\Delta H}\right) \tag{5.20}$$

参考纯铁的摩尔相变潜热$\Delta H=920.5$ J/mol，由C-Mn-Ti系钢910℃变形后不同冷却速度对应的相变开始温度（见图5.7）回归得到：$a=-161$，$b=0.1$。将a，b值带入式(5.20)，得实验钢冷却速度与相变温度的关系：

$$T=T^0\exp\left(-\frac{161v^{0.1}}{\Delta H}\right) \tag{5.21}$$

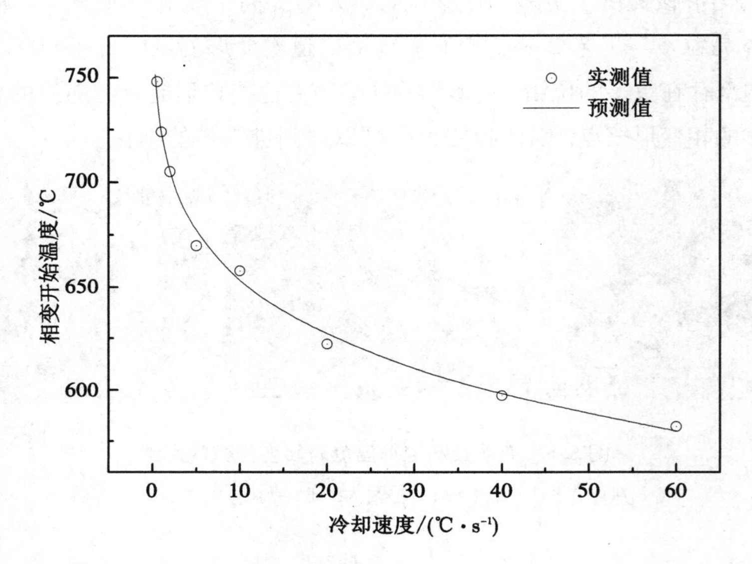

图5.7 冷却速度对C-Mn-Ti系钢910℃变形时相变开始温度的影响

随着冷却速度的增大，相变由铁素体转变向贝氏体、马氏体转化，且冷却速度越大，非扩散型相变的量越大。随着冷却速度的增大，不仅是奥氏体开始转变温度，终止相变的完成温度也有较明显的降低，且扩散型相变的相变点随冷却速度降低的更大一些。说明大的冷却速度对相变有比较明显的抑制作用，尤其是扩散型相变。这是因为扩散型相变的发生伴随着溶质原子的扩散迁移，大的冷却速度会抑制原子的扩散。随着温度降低，铁素体还可以在位错、晶界等能量较高处形核。

5.4.2 冷却速度对相变组织的影响

图5.8是C-Mn-Ti系钢不同冷却速度下静态相变至室温的金相组织图，当

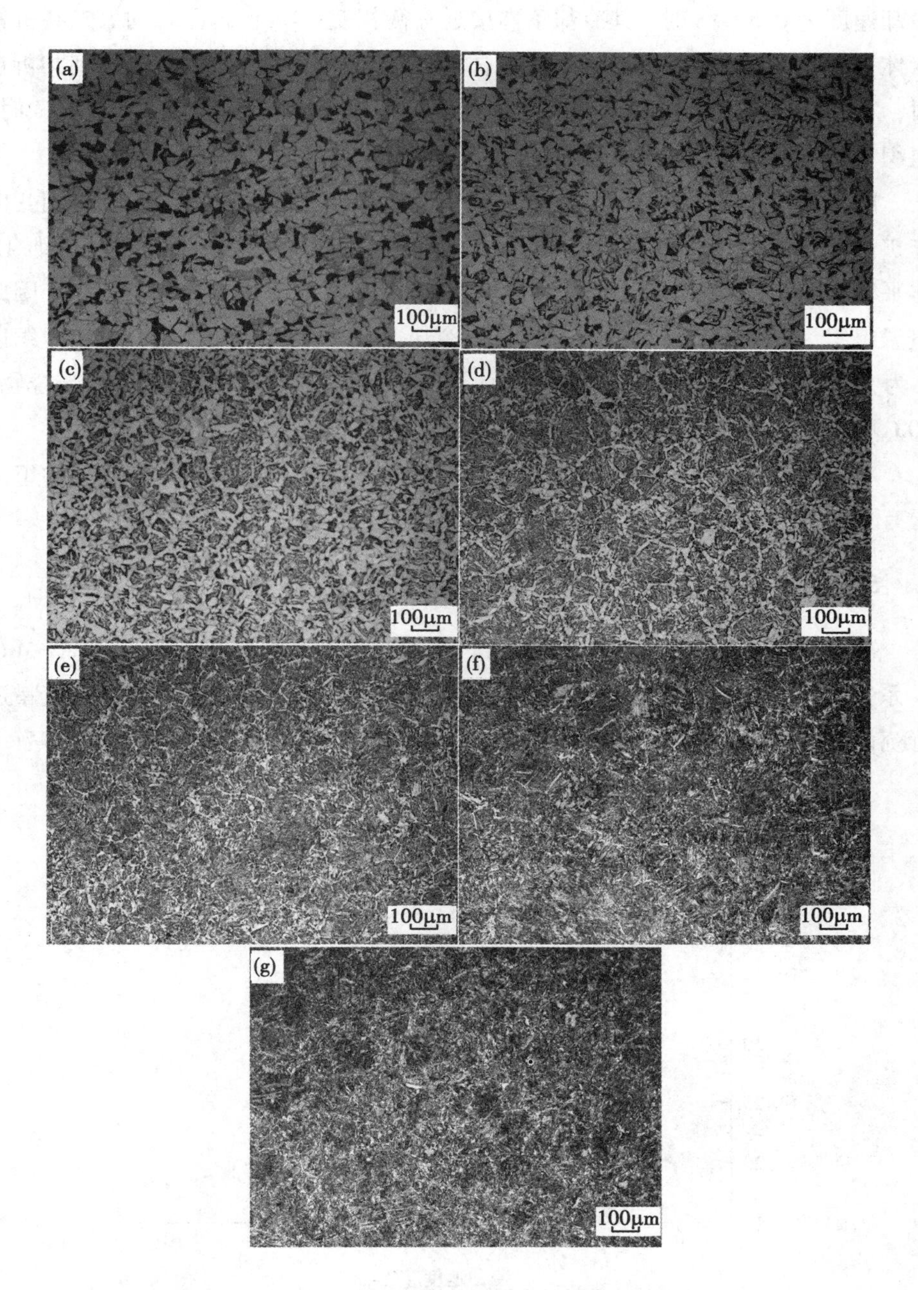

图 5.8　C-Mn-Ti 系钢静态连续冷却相变后的金相组织

冷却速度：(a)—0.5℃/s；(b)—1℃/s；(c)—2℃/s；(d)—5℃/s；(e)—10℃/s；(f)—20℃/s；(g)—40℃/s

冷却速度为0.5℃/s时，其冷却条件接近平衡相变；当冷却至A_{r3}时，先共析铁素体首先在奥氏体晶界处形核，奥氏体成分沿A_{r3}线变化；当其成分达到共析点时，发生珠光体相变。因此其组织主要为PF+P。当冷却速度增大到1℃/s时，组织在前者的基础上增加了少量的针状铁素体。

随着冷却速度继续增大，碳原子扩散受到抑制，相变类型由扩散型相变向非扩散型相变转变，多边形铁素体、珠光体含量减少，铁素体晶粒显著细化，非平衡相变产物针状铁素体增多，同时生成了部分中间相变产物贝氏体，因此室温组织为PF+P+AF+B的混合物。当冷却速度增大到10℃/s时，室温组织以B为主。20℃/s时，开始出现马氏体组织，室温下为M+B的机械混合物。40℃/s时，马氏体相增多，室温下组织主要为马氏体+少量贝氏体。

一定条件下，大的冷却速度促进相变向非平衡相变转变，因而得到的组织含有更多的M、B等非平衡相，F、P组织减少直至消失。

5.4.3 冷却速度对铁素体晶粒和相变量的影响

冷却速度对相变后组织的组成和晶粒度都会产生巨大的影响。对C-Mn-Ti系钢静态相变不同冷却速度下得到的室温组织的铁素体晶粒尺寸和相变量进行统计，得到图5.9和图5.10。

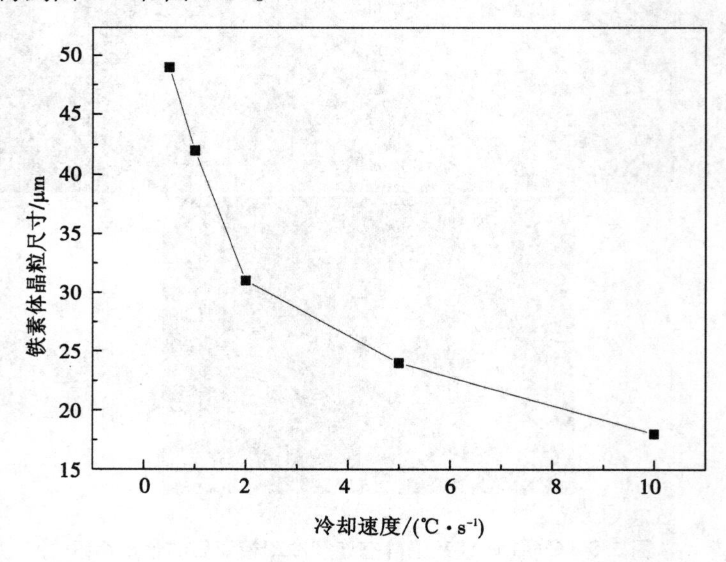

图5.9 铁素体晶粒尺寸随冷却速度的变化

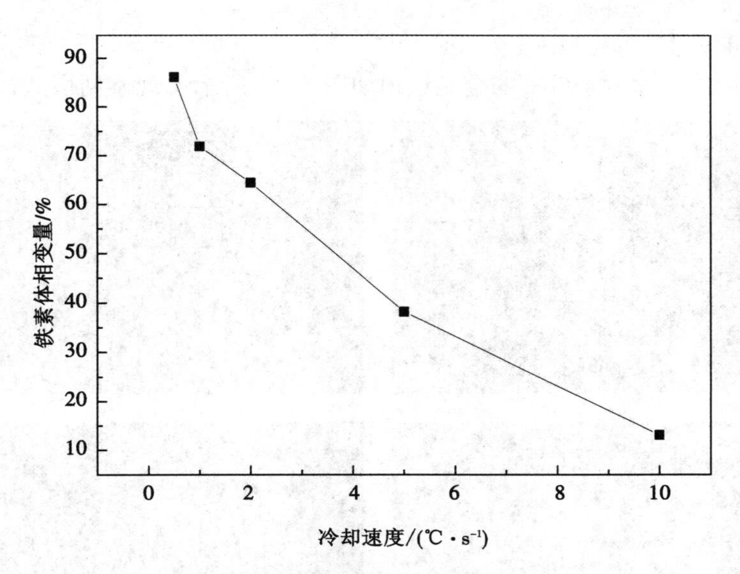

图 5.10 铁素体相变量随冷却速度的变化

从图 5.9 和图 5.10 中可以看出，随着冷却速度的提高，铁素体晶粒尺寸依次减小，从冷却速度为 5℃/s 时的 49μm 减小到冷却速度为 10℃/s 时的 18μm，冷却速度为 2℃/s 前减小幅度较大，2℃/s 后减小幅度减缓，10℃/s 后组织中已基本不含铁素体。因此增大冷却速度可以显著细化铁素体晶粒尺寸，均匀组织，提高细晶强化增量。

原因主要有两点：一是增大冷却速度，使得奥氏体来不及转变，增大了奥氏体的过冷度，临界形核功与过冷度的平方成反比，过冷度增大使临界形核功显著降低，铁素体形核率提高，晶粒得到显著细化；二是增大冷却速率使得铁素体晶粒来不及长大，较小的晶粒得以保留至室温，最终细化了组织。

从图 5.10 看出，随着冷却速度的增大，铁素体体积分数逐渐减少，从冷却速度为 0.5℃/s 的 86%减少到 10℃/s 的 13%，且在冷却速度 0.5~1℃/s 内减少幅度最大，减幅达 16%。冷却速度为 20℃/s 时室温组织下已基本观察不到铁素体组织。铁素体相变属于扩散型相变，随着冷却速度的增大，钢材在高温区停留时间缩短，碳原子在奥氏体面心立方晶格中来不及进行远程扩散，进而形成了更多的贝氏体、马氏体等非平衡相变组织。

5.4.4 两段式冷却中前段冷却速度对相变组织的影响

在实际生产过程中，采用两段式冷却可以获得不同的相变组织。以第一阶段冷却终止温度为 680℃，后段空冷至室温为例，阐述含 Nb 钢前段冷却速度对相变组织的影响。

各不同冷却速度条件下的金相组织如图 5. 11 所示。观察两段式冷却条件

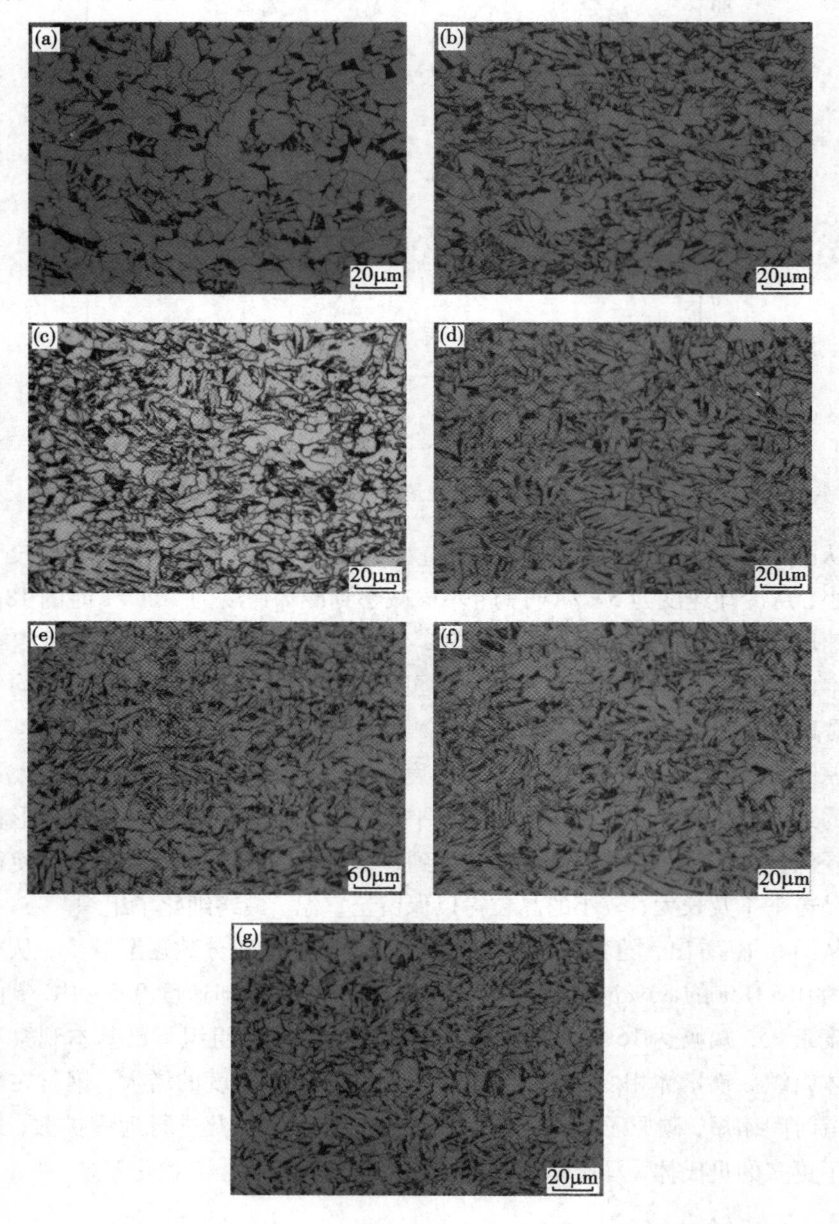

图 5. 11　不同冷却速度到 680℃条件下的金相组织

冷却速度：(a)—5℃/s；(b)—10℃/s；(c)—20℃/s；(d)—30℃/s；(e)—40℃/s；(f)—50℃/s；(g)—60℃/s

下的金相组织发现，在前段冷却速度较小时(5～20℃/s)，得到组织为多边形铁素体、珠光体以及少量针状铁素体，随着冷却速度增大，铁素体含量逐渐减少；当冷却速度达到 30℃/s 时，开始出现贝氏体组织，之后虽然冷却速度继续增大，组织基本保持不变，为针状铁素体和贝氏体的混合组织。

含 Nb 钢经过两段式冷却之后的冷却速度-硬度曲线如图 5.12 所示。可以看出，当冷却速度从 5℃/s 增加到 30℃/s 时，硬度增加较快，之后虽然冷却速度继续增大，硬度值基本不变。这与分析金相组织得到的结论是一致的。综上所述，实验钢变形后采用两段式冷却时，前段冷却速度不小于 30℃/s 即可，更大的冷却速度对组织变化影响不大。

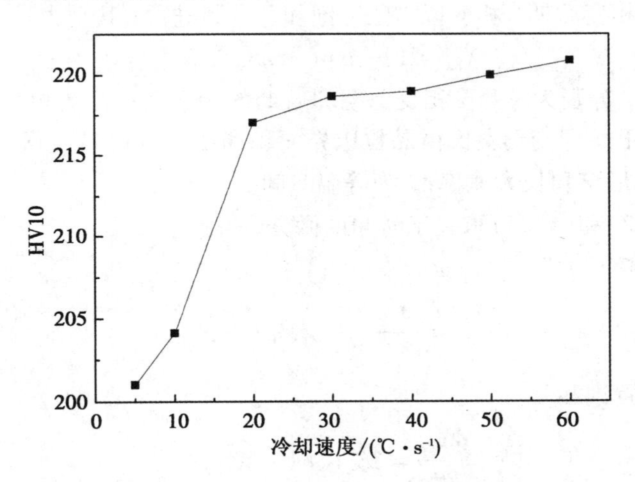

图 5.12　维氏硬度随冷却速率的变化

5.5　钢材相变动力学预测模型

奥氏体连续冷却相变的基本过程是：当温度低于 A_{e3} 时，奥氏体处于先共析相变的孕育阶段，温度达到 A_{r3} 时，开始发生 γ→先共析 α 相变；当温度低于 A_{cm} 时，奥氏体处于共析相变的孕育期；当温度达到 A_{rcm} 时，开始发生共析转变；当温度低于贝氏体转变平衡温度 B_s 时，处于 γ→B 相变孕育阶段，温度达到 B_{rs} 时，发生 γ→B 转变。

由于加工硬化 γ 的相变机制较未形变 γ 有了本质的变化，因此建立加工硬化 γ 相变行为预测理论模型比较困难。目前多采用通过回归实验数据建立经验性方程的方法来预测奥氏体相变动力学过程，其主要缺点是应用范围较窄。本节基于热力学计算，并考虑加工硬化 γ 相变动力学的特点，建立了加工硬化 γ →α，P 和 B 连续冷却相变动力学行为的预测模型，可以应用于预测轧后产品的组织组成物及含量。

5.5.1 相变动力学模型

根据 Cahn 的相变动力学理论，在 γ →α 相变前期，相变以“形核长大”机制进行，其动力学方程为：

$$X_{F1} = 1 - \exp\left(-\frac{\pi}{3} I_S S_\gamma G_F^3 t^4\right) \tag{5.22}$$

在 γ →α 相变后期，相变以“位置饱和”机制进行，其动力学方程为：

$$X_{F2} = 1 - \exp(-2S_\gamma G_F t) \tag{5.23}$$

式中，X_{F1}和 X_{F2}分别为 γ →α 相变前期和后期的相变率；S_γ 为单位体积 γ 相有效晶粒表面面积，即变形奥氏体晶粒边界面积和变形带边界面积之和；I_S和 G_F 分别为 α 相的形核和长大速率；t 为等温时间。

对式(5.22)和(5.23)求关于时间的微分，得：

对于“形核长大”：

$$\frac{dX_{F1}}{dt} = \frac{4}{3}\pi I_S S_\gamma G_F^3 t^3 (1 - X_{F1}) \tag{5.24}$$

对于“位置饱和”：

$$\frac{dX_{F2}}{dt} = 2S_\gamma G_F (1 - X_{F2}) \tag{5.25}$$

结合式(5.24)和(5.25)，并考虑到新相与已转变相的碰遇效应，得：

$$\frac{dX_{F1}}{dt} = 4\left(\frac{\pi}{3}\right)^{1/4} (I_S S_\gamma)^{1/4} G_F^{1/4} \left(\ln\frac{1}{1-X}\right)^{3/4} (1 - X) \tag{5.26}$$

$$\frac{dX_{F2}}{dt} = K_3 S_\gamma G_F (1 - X) \tag{5.27}$$

式中，X 为已转变的各组织组成物转变率之和；K_3为常数。

关于 I_S的确定，可采用 Aaronson 提出的方法，即

$$I_S = K_1 T^{-1/2} D_C \exp\left(-\frac{K_2}{RT\Delta G_V^2}\right) \tag{5.28}$$

式中，D_C为 C 在 γ 相中的扩散系数，可按 Kaufman 给出的公式计算：

$$D_C = 0.5\exp(-30x_C^\gamma)\exp\left\{-\frac{[38300 - 190000x_C^\gamma + 550000(x_C^\gamma)^2]}{RT}\right\} \tag{5.29}$$

式中，x_C^γ 为 C 在 γ 相中的摩尔分数；K_1和 K_2为常数。在 γ→α 相变中，x_C^γ 可用如下方法计算：

$$x_C^\gamma = \frac{x_C^0}{1 - X_F} \tag{5.30}$$

式中，x_C^0 为 γ 相中的原始 C 的摩尔分数；X_F为已转变的铁素体分数。

关于 G_F的计算，可采用 Zener-Hillert 方程，即

$$G_F = 5.56 \times 10^4 D_C \frac{(x_C^{\gamma/\gamma+\alpha} - x_C^\gamma)}{(x_C^\gamma - x_C^{\alpha/\alpha+\gamma})} \tag{5.31}$$

关于 γ→P 和 B 相变情况，假定其符合 Cahn 提出的相变理论中的“位置饱和”机制，即

$$X_{P(B)} = 1 - \exp(-2S_\gamma G_{P(F)} t) \tag{5.32}$$

对式(5.32)求关于时间的导数后，相变速率可用式(5.33)表示：

$$\frac{dX_{P(B)}}{dt} = K_4(K_5) S_\gamma G_{P(F)} (1 - X) \tag{5.33}$$

式中，X_P和 X_B分别为珠光体和贝氏体的相变率；K_4和 K_5为常数；G_P为珠光体相的长大速率，计算方法为：

$$G_P = \Delta T D_C (x_C^{\gamma/\gamma+\alpha} - x_C^{\gamma/cm}) \tag{5.34}$$

式中，ΔT 为共析点至转变温度的过冷度；$x_C^{\gamma/cm}$ 为 C 在奥氏体/渗碳体(γ/cm)界面 γ 一侧的摩尔分数，可采用 KRC 模型来求解：

$$\frac{3}{Z_\gamma - 1}\ln\frac{1 - Z_\gamma x_C^{\gamma/cm}}{1 - x_C^{\gamma/cm}} + \ln\frac{x_C^{\gamma/cm}}{1 - Z_\gamma x_C^{\gamma/cm}} = \frac{3\Delta G_{Fe}^{\gamma\to\alpha} + \Delta G^{cm} - \Delta\overline{H}_\gamma + \Delta\overline{S}_\gamma^{xs} T}{RT} \tag{5.35}$$

式中，Z_γ 与 C 原子间的交互作用能和温度有关；$\Delta\overline{H}_\gamma$ 为 C 的偏摩尔焓；$\Delta\overline{S}_\gamma^{xs}$ 为 C 的偏摩尔非配置熵。

5.5.2　连续冷却相变动力学模型

在处理连续冷却过程中的奥氏体相变时，假定各相变过程均满足 Scheil 提出的可加性法则，即将连续冷却相变看成微小等温相变之和。当满足式(5.36)时，达到连续冷却相变的开始温度，即

$$\sum_i^\infty \frac{\Delta t_i}{\tau_i} = 1 \tag{5.36}$$

式中，τ_i为不同温度下的相变孕育期；Δt_i为微小时间步长。

相变发生后，假设 γ→α，P 和 B 满足或近似满足可加性法则，即

$$X_n^j = X_{n-1}^j + \Delta X_n^j \tag{5.37}$$

式中，X 为组织的相变体积的分数；上标 j 代表组织组成物($j=\alpha$，P 或 B)。

$\gamma \rightarrow$P 相变开始条件的确定方法为，当由式(5.30)确定的 γ 相中的 C 的摩尔分数 x_C^γ 达到 $x_C^{\gamma/cm}$ 时，开始进入 $\gamma \rightarrow$P 相变孕育期。当温度低于贝氏体相变开始温度 B_s时，发生奥氏体向贝氏体的相变。B_s的计算方法为：

$$B_S = 830-270w(\text{C})-90w(\text{Mn})-37w(\text{Ni})-70w(\text{Cr})-83w(\text{Mo}) \tag{5.38}$$

以上讨论的相变过程的计算流程图如图 5.13 所示。

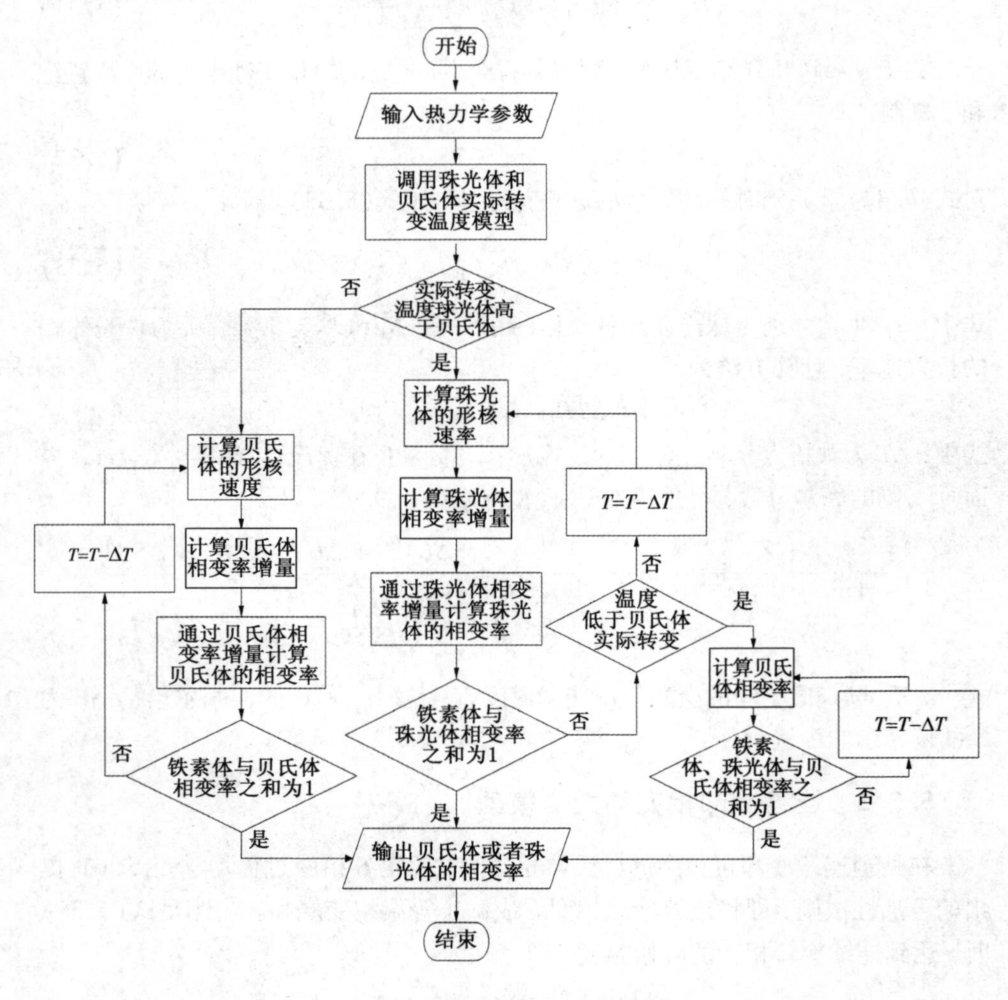

图 5.13　奥氏体相变行为计算流程

5.5.3　铁素体晶粒尺寸的预测模型

精确地预测 α 晶粒尺寸，对于改进生产工艺，提高 α+P 或 α+B 钢的力学性能具有重要的意义。然而，目前已有的预测 α 晶粒尺寸的经验公式应用范围较窄，并不适合连续冷却相变过程。本节基于相变动力学理论，提出了确定 d_{α} 的计算方法，可成功应用于热变形后连续冷却相变过程中的 $\gamma \to \alpha$ 相变。

根据 Cahn 的理论，在相变前期以“形核长大”为主要的相变机制，单位体积 γ 晶界处形核的 α 晶粒总数为：

$$n_{\alpha} = \int_{0}^{t_{c}} I_{S}(1 - X_{F1})\,\mathrm{d}t \tag{5.39}$$

式中，t_{c}为相变机制转换时间。假设 α 晶粒为球形，在此期间形核的 α 相的平均晶粒尺寸为：

$$d_{\alpha 1} = \left(\frac{6X_{F1}}{\pi n_{\alpha} S_{\gamma}}\right)^{1/3} \tag{5.40}$$

在相变后期，形核位置趋于饱和，此时以“位置饱和”为主要机制。在此阶段，可忽略 α 相的形核，仅计算其长大情况，因此已形核的 α 相晶粒尺寸增量可表示为：

$$\Delta d_{\alpha 2} = \int_{t_{c}}^{t_{e}} G_{F}(1 - X_{F1} - X_{F2})\,\mathrm{d}t \tag{5.41}$$

式中：t_{e}为 $\gamma \to \alpha$ 相变结束时间。

从 $\gamma \to \alpha$ 相变开始到相变结束，α 晶粒尺寸的变化为：

$$d_{\alpha} = d_{\alpha 1} + \Delta d_{\alpha 2} \tag{5.42}$$

连续冷却相变可以认为在逐次改变温度时，进行短时等温保持发生的相变的总和。在连续冷却相变的前期，α 相形核总数 n_{α}^{C} 为：

$$n_{\alpha}^{C} = -\int_{A_{r3}}^{T_{c}} \frac{I_{S}}{C_{r}(T)}(1 - X_{F1}^{C})\,\mathrm{d}T \tag{5.43}$$

代入式(5.40)中，得连续冷却相变前期 α 相晶粒尺寸：

$$d_{\alpha 1}^{C} = \left(\frac{6X_{F1}^{C}}{\pi n_{\alpha}^{C} S_{\gamma}}\right)^{1/3} \tag{5.44}$$

在连续冷却相变后期，α 相晶粒长大增量可表示为：

$$\Delta d_{\alpha 2}^{C} = -\int_{T_{c}}^{T_{e}} \frac{G_{F}}{C_{r}(T)}(1 - X_{F1}^{C} - X_{F2}^{C})\,\mathrm{d}T \tag{5.45}$$

式中，X_{F1}^{C} 和 X_{F2}^{C} 分别为连续冷却 $\gamma \to \alpha$ 相变前期和后期 α 相变率；$C_{r}(T)$为冷却速度；T_{c}为两种相变机制发生转变时的温度；T_{e}为 $\gamma \to \alpha$ 相变结束温度。

参考文献

[1] 雍岐龙.钢材材料中的第二相[M].北京:冶金工业出版社,2006.

[2] 陈其源.Ti 微合金化汽车大梁钢 510L 组织演变及力学性能研究[D].沈阳:东北大学,2016.

[3] 杨浩.超快速冷却条件下含 Nb 高强船板钢的组织性能调控[D].沈阳:东北大学,2016.

[4] 李龙.低碳锰(铌)钢组织控制及强韧化机制的研究[D].沈阳:东北大学,2016.

[5] 黄春峰.钢的热处理工艺设计经验公式[J].航空制造技术,2000(4):47-49.

[6] 刘振宇.热轧钢材组织-性能演变的模拟和预测[M].沈阳:东北大学出版社,2004.

第6章　控轧控冷工艺参数对钢材组织性能的影响

控制轧制和控制冷却(TMCP)技术自提出以来一直受到广泛关注，近年来已经发展成为板带钢生产的主导工艺。TMCP技术不仅能够提高钢材的强韧性、获得合理的综合性能，而且能够降低合金元素的含量，降低生产成本。本章从控制轧制、控制冷却和超快速冷却三方面，系统介绍了热轧和冷却工艺参数对钢材组织性能的影响。

6.1　控制轧制工艺参数对组织性能的影响

控制轧制工艺是在保证成品成型的基础上，根据产品性能的要求而制定的，包括从轧前加热到最终轧制道次结束的整个轧制过程，与控制冷却技术紧密相连，往往把控制冷却作为控制轧制之后继续进行的工艺措施。

根据轧制温度区间不同，可将控制轧制分为以下三个阶段：

第一阶段是奥氏体再结晶区(>1000℃，粗轧)控制轧制。在这一阶段通过多道次的轧制，不断破碎奥氏体晶粒，促进发生动态再结晶。或者在轧制道次间隔时间内发生静态再结晶，通过再结晶过程的反复进行，奥氏体晶粒得到细化，以便获得更加细小的相变组织。

为了避免混晶现象出现，粗轧时应避免进入部分再结晶区，以保证粗轧结束时处于完全再结晶阶段。图6.1给出了奥氏体再结晶区变形量与铁素体晶粒尺寸的关系。可以看出，当粗轧阶段总变形量为50%~60%时，铁素体晶粒尺寸较小。增加粗轧阶段总变形量，促进再结晶，细化原奥氏体晶粒，从而得到明显细化的铁素体。

第二阶段为奥氏体未再结晶区(950℃ ~ A_{r3}，精轧)控制轧制。在这一阶段变形温度低，使得奥氏体不能进行再结晶，通过压下变形使得奥氏体晶粒变成扁平状，晶粒内位错密度增加，且有相变带、相变孪晶等缺陷形成，大量的位

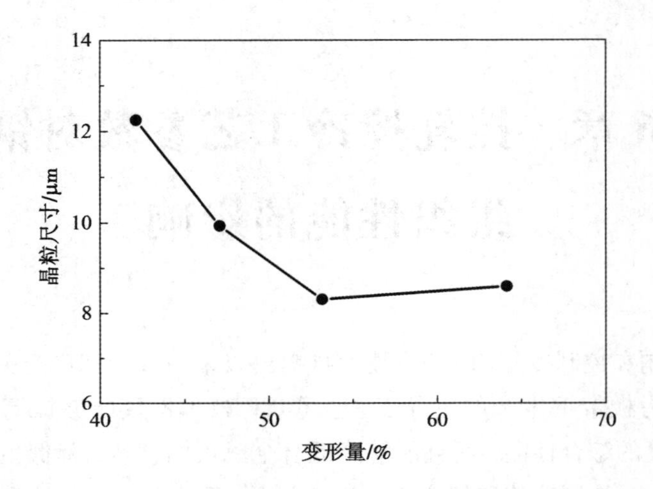

图 6.1　奥氏体再结晶区变形量对铁素体晶粒尺寸的影响

错和缺陷增加了冷却过程中过冷奥氏体向铁素体相变的形核位置，从而使得相变后的组织得到细化，起到细晶强化的作用，同时在未再结晶区，由于添加到微合金钢中的微合金元素的固溶度降低，通过形变诱导析出第二相粒子，这些第二相粒子钉扎奥氏体晶界，也可以使得奥氏体晶粒尺寸变小，同样可以起到细晶强化的作用。

第三阶段为低于 A_{r3} 温度的 $\alpha+\gamma$ 两相区轧制。在这一阶段轧制过程中，同时存在奥氏体和铁素体，变形使得先共析铁素体由等轴状逐渐变成压扁状。变形还使得在硬化状态的奥氏体中形成大量的位错，为铁素体的形核提供更多的位置，这对钢材具有显著的位错强化和细晶强化作用。同时，在此阶段钢中的微合金元素的碳氮化物在晶界、亚晶界和位错上大量弥散析出，这些析出物强烈地阻止晶界、亚晶界和位错的运动，从而提高了钢材的强度，同时还能降低韧脆转变温度使其冲击韧性提高。

根据钢种的不同、钢板组织性能要求不同和轧机设备条件不同，可以选择其中某一阶段进行控制轧制，也可以配合采用两阶段或三阶段控制轧制。在中厚板轧机生产工艺中，由于温度控制手段的限制，一般都采用两阶段控制轧制，即粗轧和精轧，两阶段轧制互相配合，有利于细化相变前奥氏体晶粒。

在工业生产中，选择恰当的控制轧制工艺，并配合后续的冷却工艺，可细化钢材的室温组织，改善强韧性。为了达到这一目的，对控制轧制过程中的工艺参数应该给予控制，其中主要的工艺参数是道次变形量、待温厚度和终轧温度。本节以具体钢种为实例，系统阐述这三个参数对组织性能的影响。

6.1.1　道次变形量对组织性能的影响

在实际的轧钢生产中，热轧往往需要在多道次下进行。在总压下率一定的情况下，道次变形量对钢材的组织均匀性具有重要影响。研究结果表明，道次变形采用大的压下率有利于变形渗透到芯部，改善芯部质量，提高组织均匀性。并且在奥氏体再结晶区粗轧时进行多道次大变形轧制，使奥氏体晶粒充分破碎，有利于发生较为充分的再结晶。因此，在轧机允许的情况下，采用大的道次变形量，有利于得到均匀的且细小的组织，提高强韧性。

6.1.2　待温厚度对组织性能的影响

在实际工业生产过程中，多采用两阶段轧制，即再结晶区的粗轧和未再结晶区的精轧。为避免混晶现象出现，在粗轧最后一道次结束后，选择在介于再结晶区和未再结晶区之间的部分再结晶区进行待温，直至温度降低至未再结晶温度区间，才进行第二阶段轧制。

在部分再结晶区待温时，钢材的厚度是衡量粗轧和精轧变形程度的一个重要参数，厚度大小对钢材的组织和性能有十分重要的影响。以X80管线钢为例，针对中间坯待温厚度对室温组织和性能的影响予以分析讨论。

两块实验钢均由75mm压至12mm，分别在厚度39mm和28mm时进行待温，粗轧阶段压下率分别为48%和62%。在热轧过程中，保证其他参数不变，粗轧最后一道次变形温度均不低于950℃，精轧开轧温度为930℃，终轧温度为810℃，后期水冷速度和终冷温度保持一致，分别为15℃/s和550℃。

(1)待温厚度对组织的影响

不同待温厚度下实验钢最终得到的室温组织都是以粒状贝氏体为主，分布少量铁素体的混合组织，但压下制度不同，得到各相的比例不同，如图6.2所示。待温厚度为39mm时，保证了精轧阶段的压下量，所得组织以致密粒状贝氏体为主，只有少量铁素体出现，如图6.2(a)所示。待温厚度为28mm时，虽然再结晶区压下量较大，细化了再结晶奥氏体，但未再结晶区压下量显著降低，使得相变前奥氏体有效晶界面积减小，抑制了铁素体相变的发生，并使粒状贝氏体较为粗大，如图6.2(c)所示。

观察图6.2(b)和图6.2(d)扫描照片发现，组织微观结构中有很多细小的白色岛状物，其碳含量明显高于周围基体，这是由于在连续冷却过程中，奥氏体向贝氏体或者铁素体转变时，碳元素逐渐富集在周围尚未转变的奥氏体中。

随着相变的进行，尚未转变的奥氏体中的碳含量逐渐增加，而富碳的奥氏体稳定性也随之提高，直到达到某一特定碳含量时富碳奥氏体不再发生相变，然后低温区域逐渐转变为马氏体/奥氏体(M/A)岛。M/A 岛的体积分数和形状分布对钢的力学性能均有影响。对比发现，两种待温厚度下所得 M/A 尺寸与分布存在差异。从扫描照片中可以明显看出，待温厚度为 39mm 时，亮白色的 M/A 岛尺寸小，且弥散分布，多数呈近似球形，有利于保证组织韧性，如图 6.2(b)所示；待温厚度为 28mm 时，组织中 M/A 岛较少，多呈现棒状与尖角状，对韧性不利，如图 6.2(d)所示。

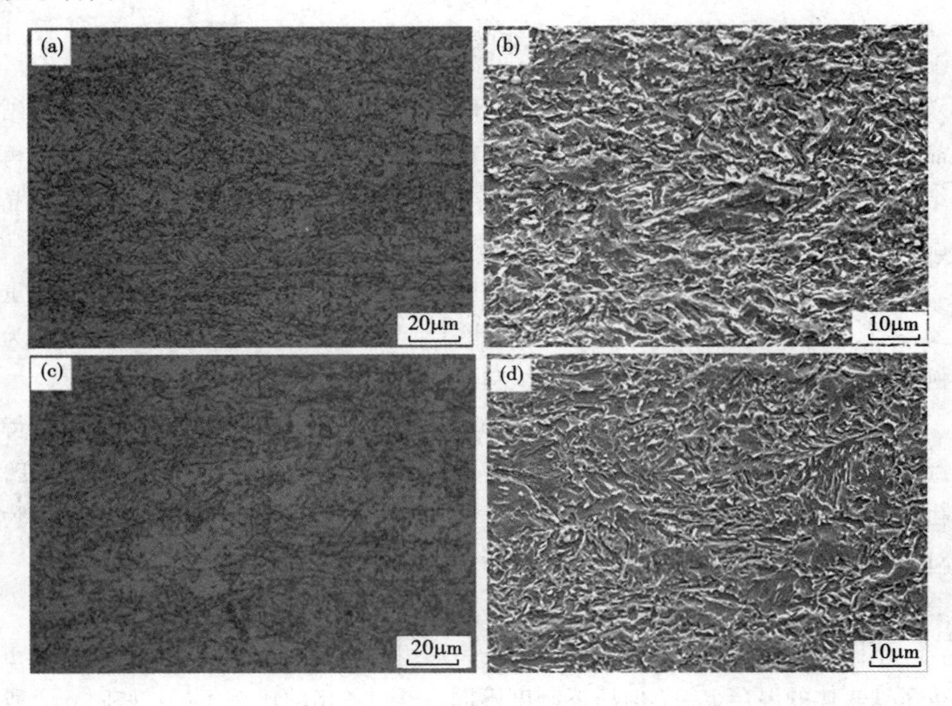

图 6.2　不同待温厚度下显微组织

待温厚度：(a)，(b)—39mm；(c)，(d)—28mm

在钢中，M/A 组元一般为脆硬相，体积分数的增加能够明显提高钢板强度，当 M/A 岛体积分数一定时，M/A 岛尺寸越大，钢材强度越低。M/A 岛的体积分数和大小一定时，有尖角的 M/A 岛则易使应力集中而诱发裂纹，降低材料的强度和韧性。由于 M/A 组元与基体强度相差很大，降低了基体的连续性，在塑性变形中更易诱发裂纹萌生而造成塑性恶化。细小弥散分布的 M/A 岛状组织能阻碍位错运动和疲劳裂纹扩展，不易因应力集中而诱发裂纹，当其长度小于裂纹失稳扩展的临界尺寸时，可提高钢材的强度和韧性。M/A岛中的残余奥氏体是一种有利的韧性相，可降低裂纹尖端应力，消耗部分扩展功，对组织韧性有利。

(2)待温厚度对力学性能的影响

图6.3给出了中间坯待温厚度对力学性能的影响。待温厚度为39mm时，实验钢的屈服强度(yield strength，YS)为575MPa，抗拉强度(tensile strength，TS)为725MPa，-20℃下冲击吸收功为320J，-40℃下冲击吸收功为284J，断后伸长率(total elongation，TE)为30.57%；当增大钢板再结晶区的压下量，在28mm待温时，所得实验钢的屈服强度为542MPa，抗拉强度为707MPa，-20℃下冲击吸收功为295J，-40℃下冲击吸收功为280J，延伸率为27.15%。对比分析发现，减小待温厚度导致实验钢强度与低温韧性都呈现不同程度的降低，断后伸长率也有小幅度下降。

减小待温厚度，导致粗轧阶段总应变量增大，精轧阶段总应变量减小。粗轧阶段变形温度高，塑性好，抗力小，大变形量促进动态再结晶，细化奥氏体晶粒，一定程度上起到细晶强化的作用。但研究结果表明，在精轧阶段采用大的累积压下率，使得奥氏体组织压扁状态更加明显，在晶粒内部形成的高密度位错，结果可使钢材的强度升高。此外，保证精轧阶段累积压下量使得奥氏体组织中出现变形带的比例增加，具有较高的大角度晶界比例，大角度晶界阻碍裂纹扩展，不利于裂纹传播，在材料断裂过程中吸收更多的功，提高材料的低温冲击韧性。

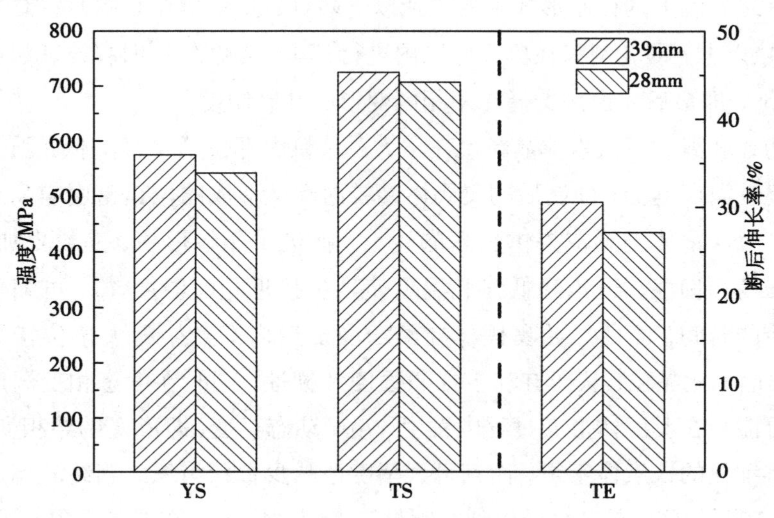

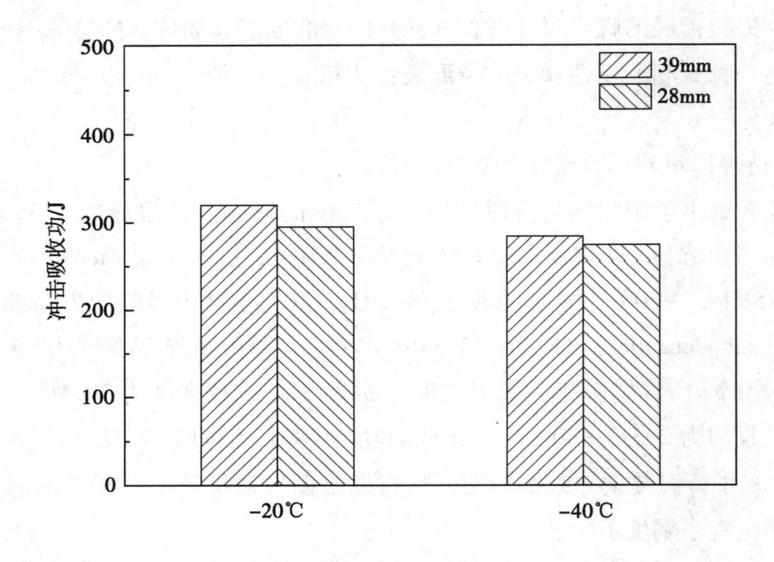

图 6.3　不同待温厚度下实验钢的力学性能

6.1.3　终轧温度对组织性能的影响

在精轧阶段，由于变形温度较低，此时奥氏体晶粒已经不能发生再结晶，轧制后得到扁平拉长的奥氏体晶粒。精轧阶段的终轧温度可以影响奥氏体中位错和亚结构的密度，影响形核质点的数量，进而对奥氏体相变产物的晶粒尺寸、铁素体的比例和 M/A 岛的尺寸产生影响，最终影响热轧钢材的力学性能。

通常终轧温度的控制形式主要包括以下两种：其一是在轧制时将终轧温度控制在 A_{r3} 以上，即轧制只在奥氏体区内进行；其二是在轧制时将终轧温度控制在 A_{r3} 以下，即最后一道次选择在两相区变形的轧制制度。

高的终轧温度下铁素体晶粒尺寸增大，晶粒内部位错密度降低，强化效果变差。终轧温度越低，轧制后的奥氏体晶粒内部所形成的位错密度越高且不容易回复，为铁素体的形成提供更多的能量，促进了晶粒形核，晶粒更加细小，可改善强度和韧性。适当降低终轧温度使其更接近相变温度 A_{r3}，可缩短由终轧到开冷的时间，能使原始奥氏体在经历变形后内部产生的大量位错得以保留，有效地细化晶粒，从而有利于提高强度和韧性；同时在静态相变温度附近轧制时可能会在奥氏体形变过程中发生 $\gamma \rightarrow \alpha$ 动态相变（即形变诱导相变），不仅能获得细化的铁素体组织，而且可大幅度地减少带状组织。当终轧温度过低时，将会在两相区精轧，这样得到的钢材终态组织中会存在混晶现象。

这里以屈服强度390MPa级低合金钢为例，介绍终轧温度对组织性能的影响。

两块实验钢均由35mm压至5.5mm，在21mm厚度进行待温。在热轧过程中，精轧开轧温度为950℃，终轧温度分别定为860℃和820℃，并保证其他参数不变。

(1)终轧温度对组织的影响

终轧温度之所以对组织产生显著影响，是因为其对热轧板带的晶粒大小、金相组织有着非常大的影响。不同终轧温度下的室温组织如图6.4所示。对比发现，尽管两种钢的终轧温度相差不大，但是它们的显微组织却差别较大。具体表现在铁素体晶粒尺寸和珠光体的数量上：终轧温度为860℃时，显微组织中的铁素体粗大且珠光体数量较少，如图6.4(a)所示；终轧温度为820℃时，铁素体明显变得相对细小且珠光体数量也较多，并且铁素体呈压扁状态，如图6.4(b)所示。由于终轧温度低，奥氏体晶粒被大程度压扁，形态由等轴状变为压扁状，继而形成大量的位错以及亚结构，为铁素体提供更多的形核位置，并且储存的应变能大，相变的驱动力大，铁素体片状形态明显，铁素体片越细小，对提高热轧钢材的强度越有利。

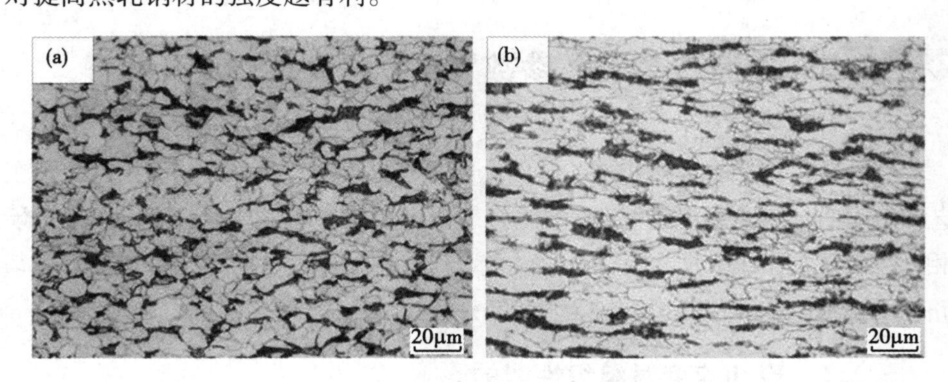

图6.4　不同终轧温度下的显微组织

(a)—860℃；(b)—820℃

(2)终轧温度对力学性能的影响

图6.5给出了不同终轧温度下实验钢的力学性能。当终轧温度为860℃时，屈服强度为421MPa，抗拉强度为517MPa，断后伸长率为25.4%；当终轧温度为820℃时，屈服强度为440MPa，抗拉强度为543MPa，断后伸长率为20.9%。对比发现，在其他工艺条件接近的情况下，随着终轧温度降低，实验

钢的屈服强度和抗拉强度增大，断后伸长率降低。这是因为降低终轧温度得到了细小的室温组织，从而提高了强度，同时导致断后伸长率略有降低。

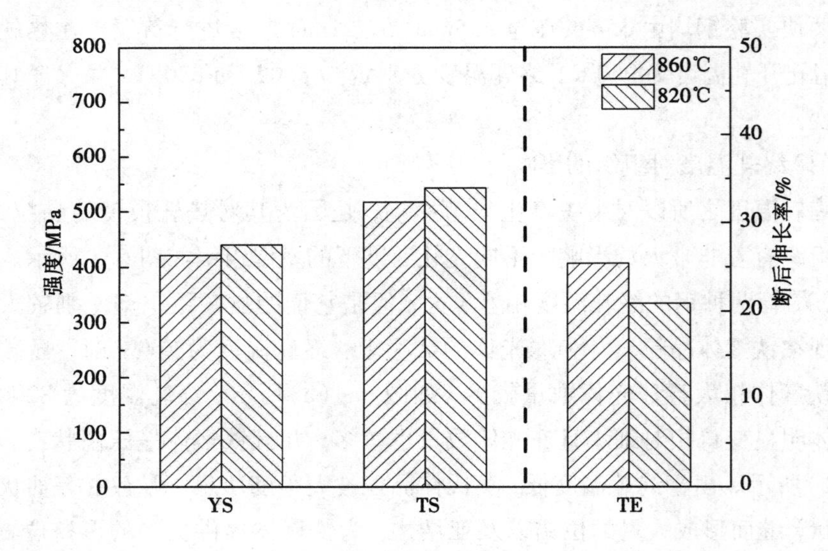

图 6.5　不同终轧温度下实验钢的力学性能

6.2　控制冷却工艺参数对组织性能的影响

控轧阶段工艺参数对相变前奥氏体形态具有决定性的作用，而控制冷却工艺参数可直接影响室温组织和性能，合理设定控制冷却工艺参数可以获得软硬相配合较好的组织，改善钢材力学性能，其中冷却速度、终冷温度和轧后冷却路径对最终组织和性能影响较为显著。

6.2.1　冷却速度对组织性能的影响

热轧钢材轧制结束后，冷却速度的变化会引起相变过程中形核驱动力和形核率的变化。在相同变形条件下，钢板轧制后采用大的冷却速度会产生大的过冷度，提高组织形核率，细化晶粒。通过轧后快速冷却，可抑制组织中珠光体和先共析铁素体的转变，有利于得到铁素体-贝氏体组织，进而提高钢的强度。当冷却速度过大时，由于强度的提高，不可避免会导致材料韧性的降低，因此根据材料对组织性能的要求，选择恰当的冷却速度尤为重要。

以 X70 管线钢为例进行分析，介绍冷却速度对组织性能的影响。

两块实验钢均采用两阶段轧制，轧制过程道次压下量为93—68-48—34—25—18.5—14—12(mm)，其中粗轧3道次后在34mm进行待温，最终被轧制成12mm厚的热轧板。实验钢开轧温度为1150℃，终轧温度为850℃。轧后分别采用10℃/s和35℃/s两个冷却速度，冷至相同的温度，以观察轧后冷却速度对组织和性能的影响。

(1)冷却速度对组织的影响

当热轧板冷却速度为11℃/s时，最终组织中除针状铁素体和粒状贝氏体之外，还含有一定数量的准多边形铁素体，如图6.6(a)所示；当热轧板冷却速度为35℃/s，最终组织基本由针状铁素体和粒状贝氏体组成，如图6.6(b)所示。对比发现，随着冷却速度的增大，高温相变产物多边形铁素体组织逐渐消失，中温相变产物针状铁素体和粒状贝氏体组织增多；同时随冷却速度增大，实验钢中晶粒尺寸逐渐减小，实现了细晶强化。

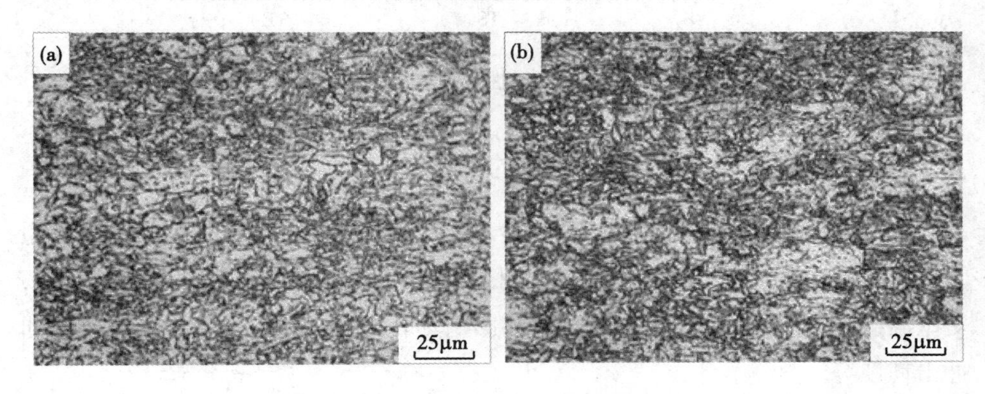

图6.6　不同冷却速度下的显微组织

(a)—11℃/s；(b)—35℃/s

(2)冷却速度对力学性能的影响

图6.7给出了实验钢的力学性能随冷却速度的变化。当冷却速度为11℃/s时，所得实验钢屈服强度为550MPa，抗拉强度为637MPa，断后伸长率为25%；当冷却速度为35℃/s时，所得实验钢屈服强度为589MPa，抗拉强度为667MPa，断后伸长率为21%。在终轧温度和终冷温度基本相同的情况下，随着冷却速度的增大，实验钢屈服强度、抗拉强度明显升高。

这是由于轧后采用小冷却速度冷却时，会存在部分软相多边形铁素体组织，而轧后采用快速冷却时，软相组织消失。故采用小冷却速度冷却的热轧板的断后伸长率要高，而采用大冷却速度冷却时实现了钢板晶粒细化和相变强化，实验钢的强度得到了提高。

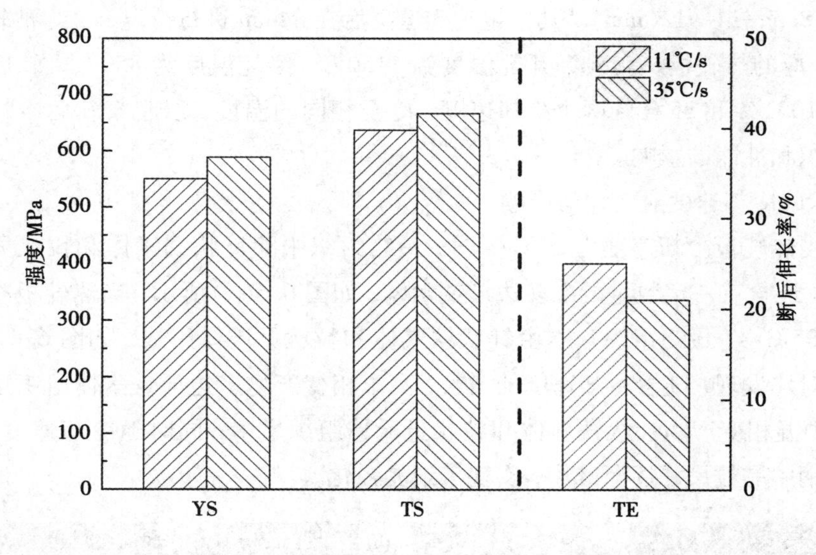

图 6.7　实验钢力学性能随冷却速度的变化

6.2.2　终冷温度对组织性能的影响

终冷温度指的是钢材轧制后快速冷却结束时的温度。为了保证热轧钢的力学性能，轧后冷却停止温度应该低于材料的相变终止温度。终冷温度的高低，对室温组织的晶粒尺寸影响较大，最终影响热轧钢材的抗拉强度、屈服强度和冲击韧性等。

以屈服强度 390MPa 级的 Q390 低合金钢为例，介绍终冷温度对热轧钢组织、性能及第二相粒子析出行为的影响。

6.2.2.1　终冷温度对组织的影响

三块热轧钢在控制轧制过程中采用相同的热轧工艺参数，终轧温度为 860℃，变形结束后采用相同的冷却速度，分别冷却至 740，630，480℃，所得金相组织如图 6.8 所示。

由图 6.8 可知，随着终冷温度（对于热轧生产，终冷温度即卷取温度）的降低，钢中铁素体和珠光体的含量逐渐减少，贝氏体含量逐渐增多且组织更加细小。卷取温度的降低抑制了铁素体和珠光体的相变，大大地促进了贝氏体的相变，并且较低的卷取温度抑制了铁素体晶粒的长大，因此在较低的卷取温度下，组织中贝氏体含量较多且晶粒显著细化。硬相的贝氏体可以显著地提高钢的强

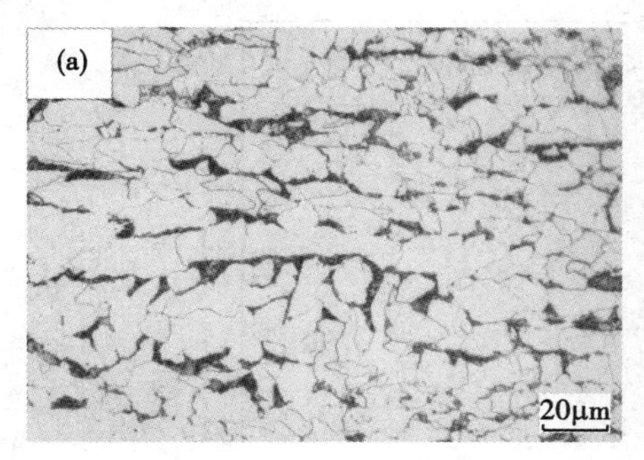

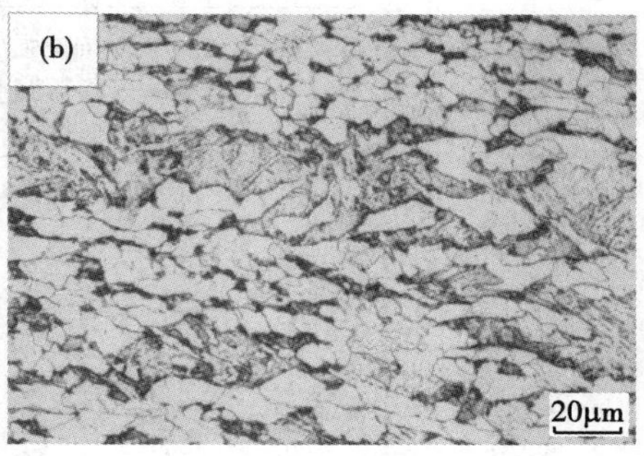

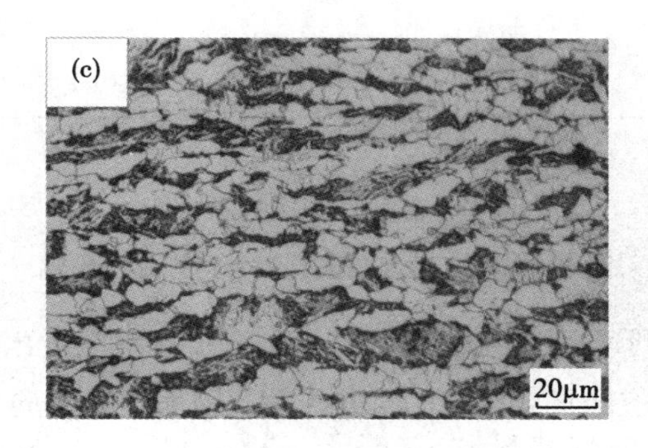

图 6.8　不同终冷温度下的显微组织

(a)—740℃；(b)—630℃；(c)—480℃

度，细小的铁素体也可以提高钢材的强韧性。

6.2.2.2　终冷温度对性能的影响

实验钢热轧后冷却过程中发生相变和碳氮化合物(如 TiC)的析出，不同终冷温度发生不同的相变和不同程度的析出，而显微组织决定实验钢的力学性能，因此不同的卷取温度下可得到不同的力学性能。

冷却后卷取温度对实验钢板力学性能的影响如图 6.9 所示，随着卷取温度的降低，钢板的屈服强度和抗拉强度逐渐增大，而断后伸长率却逐渐减小。这是由于卷取温度越低，硬相组织贝氏体含量越多，使强度提高、断后伸长率下降。

6.2.2.3　终冷温度对第二相粒子析出行为的影响

不同的终冷温度对实验钢的第二相粒子的析出行为影响很大。Q390 为含 Ti 的低合金钢，第二相主要是 TiN，$Ti_4C_2S_2$和 TiC，其中 TiN，$Ti_4C_2S_2$在奥氏体高温区析出，它们的作用是钉扎奥氏体晶界阻止奥氏体的长大，以便得到更细

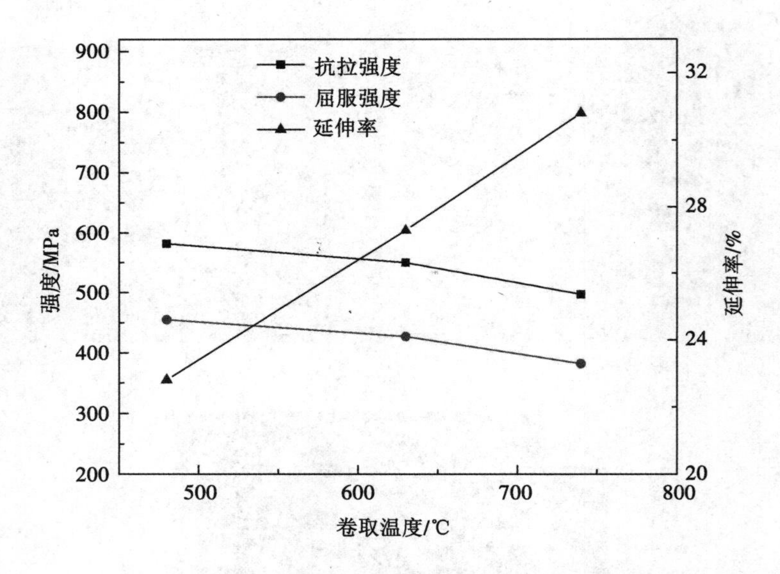

图 6.9　卷取温度对实验钢力学性能的影响

小的相变组织。而 TiC 则是在变形后相变和冷却过程中析出的，细小而弥散的粒状 TiC 对晶界和位错具有很强的钉扎作用，继而提高实验钢的强度。实验钢变形后按照 30℃/s 的冷却速度冷至 600℃和 700℃后，组织中 TiC 粒子析出行为及尺寸分布如图 6.10 所示。

由图 6.10(a)和图 6.10(c)可知，实验钢基体上弥散地分布着大量的细小的粒状 TiC 粒子。当卷取温度为 700℃时，析出的 TiC 粒子数量明显多于卷取温度为 600℃时粒子的数量。因为第二相粒子的析出是在扩散与驱动力共同作用下发生和进行的，当卷取温度为 700℃时，更有利于第二相粒子的析出，故析出的第二相粒子数量更多，且由于温度较高使粒子尺寸增大。

图 6.10(b)和图 6.10(d)给出了不同的终冷温度对第二相粒子尺寸分布的影响。从图中可以看出，当卷取温度为 700℃时，基体中析出的第二相粒子 TiC 尺寸主要集中在 4~7nm，平均粒子尺寸为 6.7nm，没有出现粗大的 TiC 粒子；当卷取温度为 600℃时，基体中析出的第二相粒子同样为 TiC，粒子尺寸主要集中在 3~6nm，平均粒子尺寸为 5.9nm。随着卷取温度的升高，第二相粒子的尺寸增大，因为温度越高，能量越高，促进第二相粒子长大的驱动力越大，所以卷取温度越高，第二相粒子粗化的程度越大，尺寸也就越大。

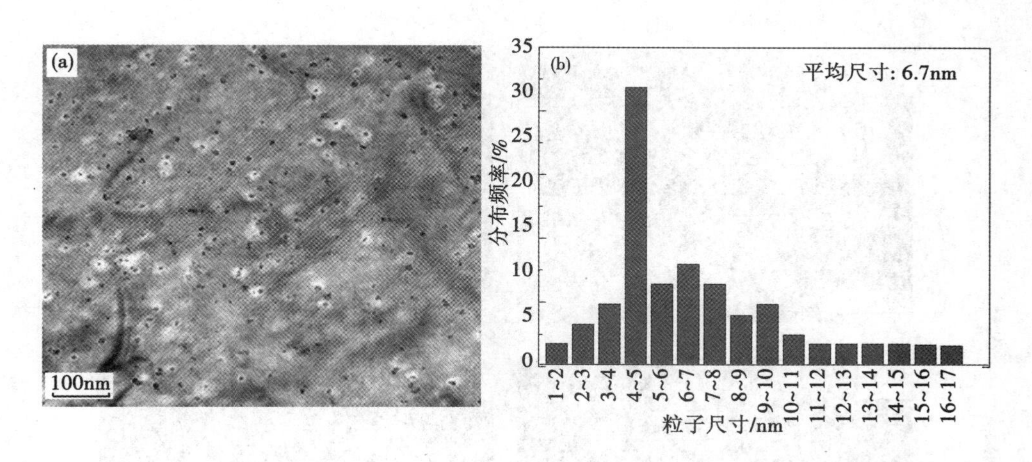

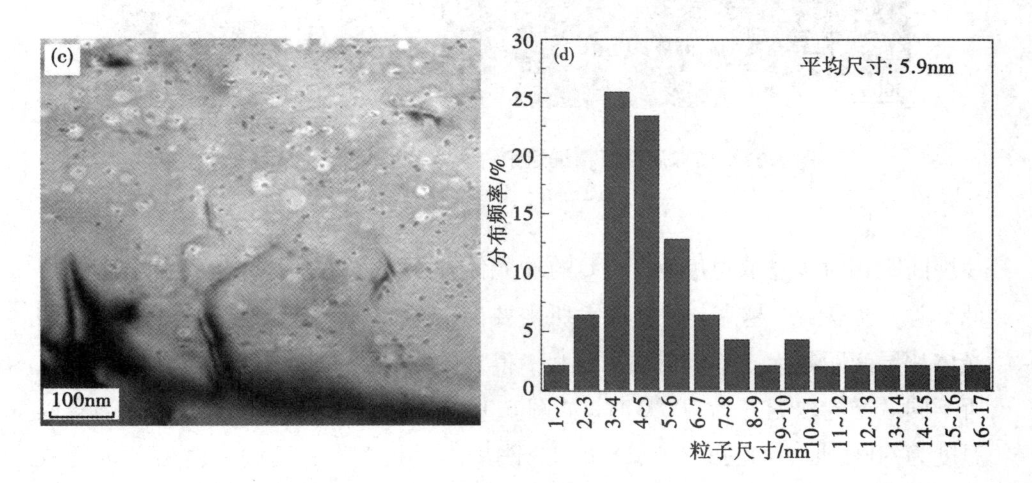

图 6.10　终冷温度对 TiC 的析出和粒子大小分布的影响

(a)，(b)—700℃；(c)，(d)—600℃

6.2.2.4　终冷温度对精细组织的影响

Q390 实验钢按照 30℃/s 的冷却速度冷至不同的终冷温度，对组织内部的精细结构具有显著影响。图 6.11 给出了终冷温度为 700℃ 和 600℃ 时，对实验钢基体中精细组织的影响，精细组织包括位错、铁素体形貌等。

由图 6.11(a) 和图 6.11(d) 可知，两种工艺下，铁素体基体上存在大量密集的位错线，这些位错是由压缩变形产生的，这些密集的位错对于阻止晶界的运动具有很大的作用，可以提高实验钢的强度，起到位错强化的作用。

由图 6.11(b) 和图 6.11(c) 可知，当卷取温度为 600℃ 时，基体中的珠光体

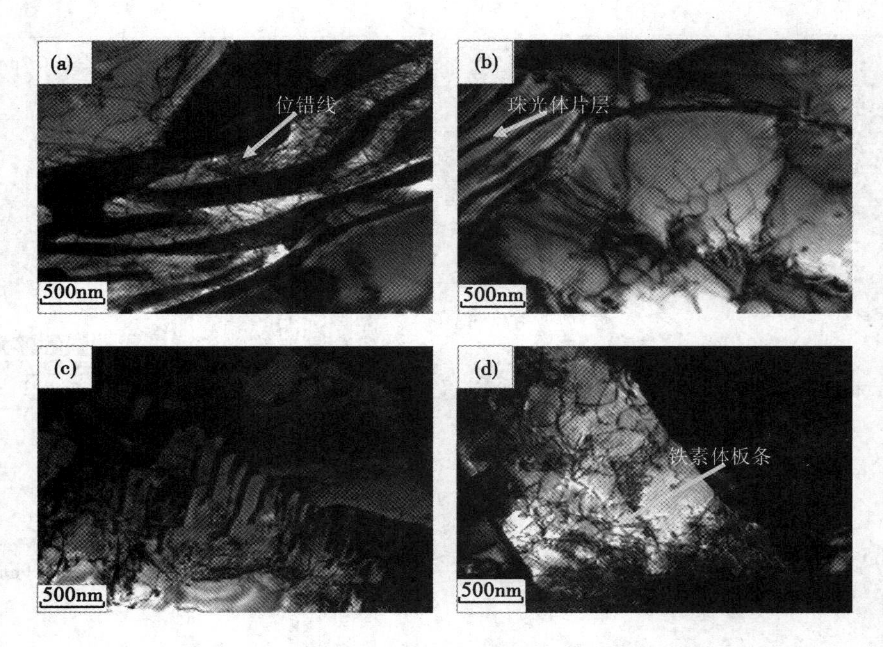

图 6.11　卷取温度对精细组织的影响(冷却速度为 30℃/s)

(a), (b)—700℃; (c), (d)—600℃

片层间距相对于卷取温度为 700℃的珠光体片层间距更小，这与卷取温度的高低有关，卷取温度越高，晶粒长大所需要的能量越高，晶粒也就越大，继而珠光体片层间距越大。不同的卷取温度，得到的基体中铁素体的形态和大小也有所不同。当卷取温度为 700℃时，如图 6.11(b)所示，铁素体呈大块状；当卷取温度为 600℃时，如图 6.11(d)所示，铁素体呈板条状，且铁素体板条宽度较小。

6.2.3　轧后冷却路径对组织性能的影响

迄今为止，热轧钢的冷却路径已经开发出很多种。但是由于钢板的成分、使用环境和服役条件是十分复杂的，在选择轧后冷却路径的时候需要综合考虑。本小节以高延展性 EH40 级船板钢为例，介绍在控制冷却阶段冷却路径对组织和性能的影响，主要包括连续冷却(即一段式冷却)、两段式冷却及三段式冷却，以此获得不同形态的室温组织，分析其强度与断后伸长率的变化情况。

三块热轧钢板均采用两阶段轧制：第一段粗轧，开轧温度为 1150℃，轧制 3 道次后待温并空冷至 950℃；然后进行第二阶段精轧，精轧道次为 4 道次，最后一道次轧制温度在 810℃左右。在轧机上经过 7 道次变形将 50mm 厚的钢板轧至 7.5mm，其中待温厚度为 21mm。轧后采用图 6.12 所示的工艺路线进行冷却。

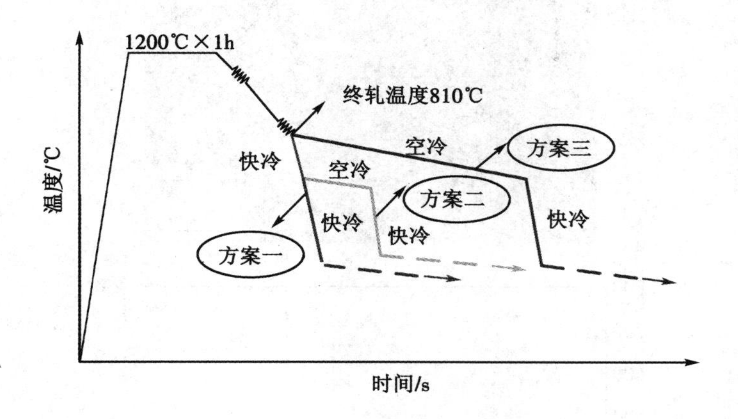

图 6.12　热轧工艺路线图

方案一采用连续冷却（一段式冷却）的冷却方式，将热轧完成后的钢板直接水冷至 495℃，冷却速度较快。

方案二采用两段式冷却，终轧完成后的钢板空冷至 620℃，位于铁素体相变区间附近，在此过程中，发生铁素体相变，之后再水冷至 480℃。

方案三采用三段式冷却，终轧完成后的钢板先水冷至 700℃，位于铁素体相变区域附近，之后在铁素体相变区间进行空冷至 630℃，使其生成铁素体，最后快速冷却至 520℃。

（1）一段式冷却对组织性能的影响

图 6.13 给出了一段式冷却下的金相组织和力学性能。热轧钢采用一段式冷却，直接水冷至 495℃，由于水冷时冷却速度较大，在铁素体相变区间相变时间较短，只发生了部分铁素体的相变，便进入了贝氏体相变区间，随后在缓冷的过程中生成了大量的贝氏体组织，起到了相变强化的作用，屈服强度为 587MPa，抗拉强度为 665MPa，但由于软相铁素体含量较少，导致断后伸长率略低，仅为 20.4%。采用一段式冷却，整体组织晶粒尺寸细小，细晶强化效果显著，强度较高。

（2）两段式冷却对组织性能的影响

图 6.14 给出了两段式冷却下的金相组织和力学性能。热轧钢采用两段式冷却，先空冷再水冷，所得室温组织为铁素体和贝氏体双相组织，软相铁素体的占比较高。这是由于在第一阶段空冷时间较长，且空冷的冷却速度较慢，随

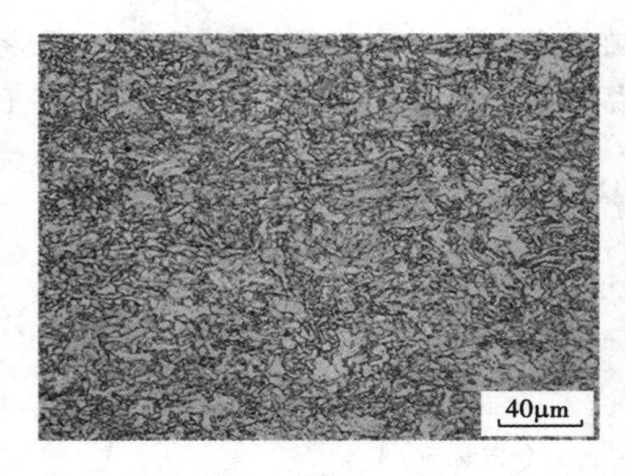

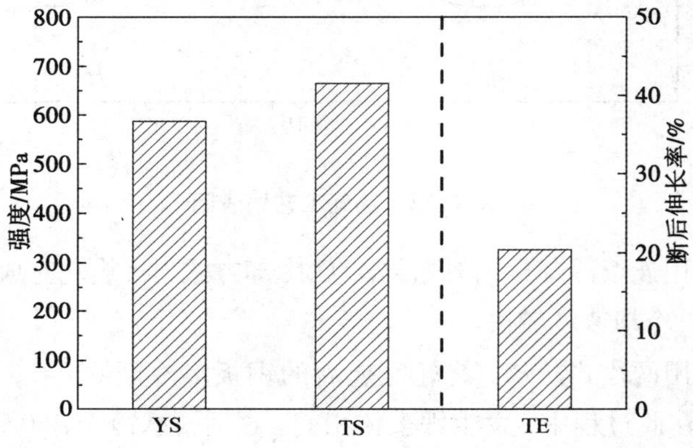

图 6.13　一段式冷却热轧钢金相组织和力学性能

着空冷时间的延长，多边形铁素体增多，铁素体相变时间充分，因此铁素体含量略高。这种冷却方式所形成的室温组织导致屈服强度和抗拉强度过低，屈服强度仅有 511MPa，抗拉强度仅有 591MPa，但断后伸长率为 29%，增加明显。

与一段式冷却相比，两段式冷却的组织中软相比例增加，且晶粒尺寸增大，导致热轧钢强度下降，但断后伸长率有所增加。

(3) 三段式冷却对组织性能的影响

图 6.15 给出了三段式冷却下的金相组织和力学性能。热轧钢采用三段式冷却，终轧完成后实验钢先水冷至铁素体相变区间附近，之后在铁素体相变区间进行空冷，最后水冷至贝氏体相变区间，最终得到铁素体和贝氏体组织的混合组织。组织中铁素体晶粒大小不一，部分铁素体晶粒尺寸较大，这是因为空冷时间较长，且空冷的冷却速度较慢，在空冷过程中铁素体发生相变，且空冷时间相对充足，先形核的铁素体又发生了晶粒长大。这种冷却方式所形成的室温组织导致屈服强度为 525MPa，抗拉强度为 620MPa，断后伸长率为 24%。

图 6.14　两段式冷却热轧钢金相组织和力学性能

在终轧温度与终冷温度大致相同的情况下，与两段式冷却相比，采用三段式冷却的热轧钢，所得晶粒尺寸更为细小；与一段式冷却和两段式冷却相比，采用三段式冷却的热轧钢，抗拉强度、屈服强度和断后伸长率介于二者之间。

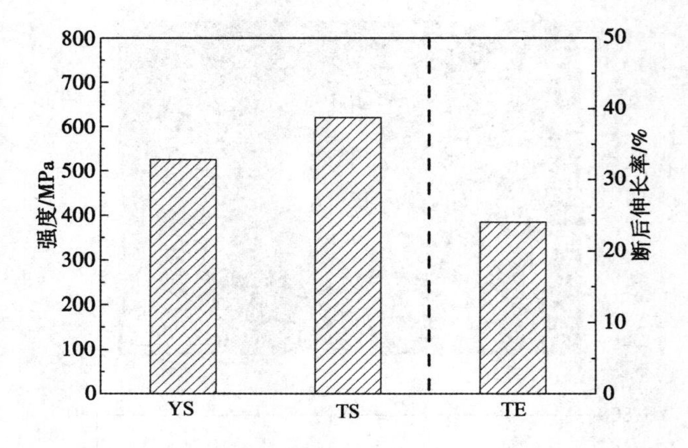

图 6.15　三段式冷却热轧钢金相组织和力学性能

6.3　超快速冷却技术对组织性能的影响

利用超快速冷却技术可以缩短冷却区长度，生产高强度钢材，同时可以开发新的钢种。鉴于超快速冷却技术的突出优势，其在现代轧钢技术层面越来越受到重视，而且愈来愈多地被广泛地运用。随着超快速冷却技术的不断更新发展，人们发现，超快速冷却方式是影响热轧钢材组织性能的重要因素。

6.3.1　超快速冷却方式对组织性能的影响

(1)超快速冷却方式对组织的影响

热轧钢采用不同的超快速冷却方式，对室温组织类别及晶粒尺寸影响较大。图 6.16 给出了三块 315MPa 级含 Nb 船板钢采用不同的超快速冷却方式所得的金相组织。这三块实验钢终轧温度(900~910℃)和终冷温度(600~610℃)基本相同，区别在于轧后采用了不同的冷却方式。

一般情况下，超快速冷却(UFC)的冷却速度大于采用超快速冷却结合层流冷却(UFC+ACC)的冷却速度，UFC+ACC 的冷却速度大于层流冷却(ACC)的冷却速度。

采用 ACC 冷却的实验钢，冷却速度小，在高温区逗留时间长，组织中高温相变产物多，最终组织由多边形铁素体和珠光体构成；采用 UFC+ACC 冷却的实验钢，冷却速度增大，组织中出现了针状铁素体，最终组织由多边形铁素体、

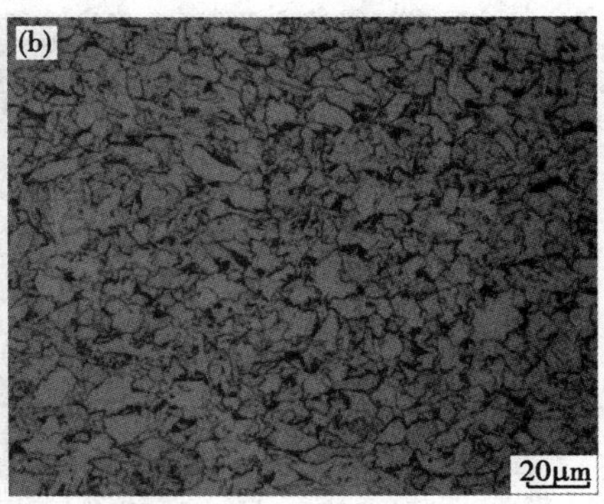

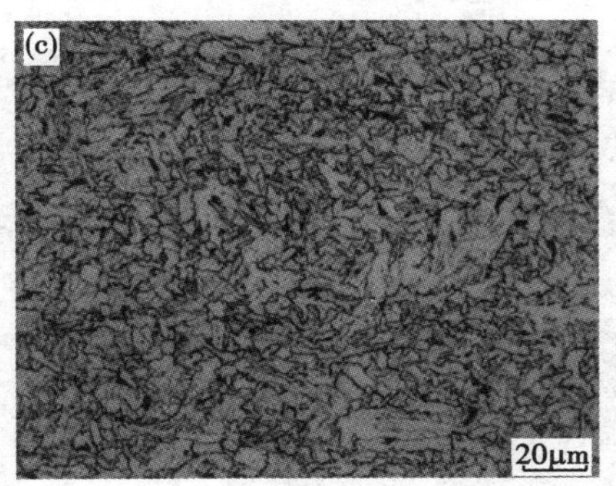

图 6.16　不同冷却方式下的显微组织

(a)—ACC；(b)—UFC+ACC；(c)—UFC

少量珠光体及针状铁素体组成，与仅采用 ACC 冷却的实验钢相比，在轧后采用 UFC+ACC 冷却工艺，最终得到的组织仍然以多边形铁素体为主，且晶粒更加细小；与前面两种冷却方式相比采用 UFC 冷却的实验钢，冷却速度进一步增大，所得室温组织主要由针状铁素体和贝氏体组成，晶粒变得更加细小均匀。

随着冷却速度的增大，高温相变产物多边形铁素体和珠光体组织逐渐减少直至消失，低温相变产物针状铁素体和贝氏体组织增多，可起到相变强化的作用；同时随着冷却速度增大，晶粒尺寸逐渐减小，实现了晶粒细化，增加了晶界面积，对提高强度和韧性有利。

不同超快速冷却方式下的实验钢在透射电镜下的形貌如图 6.17 所示。可以看出，随着冷却速度增大，晶粒内部的位错量显著增加，单独采用 UFC 工艺时，晶粒内有高密度缠结的位错。由于位错的缠结与塞积，滑移很难进行，变形阻力加大，使得材料的强度大大增加。另外，随着冷却速度增大，钢中析出物的数量逐渐减少，析出粒子尺寸也逐渐减小。

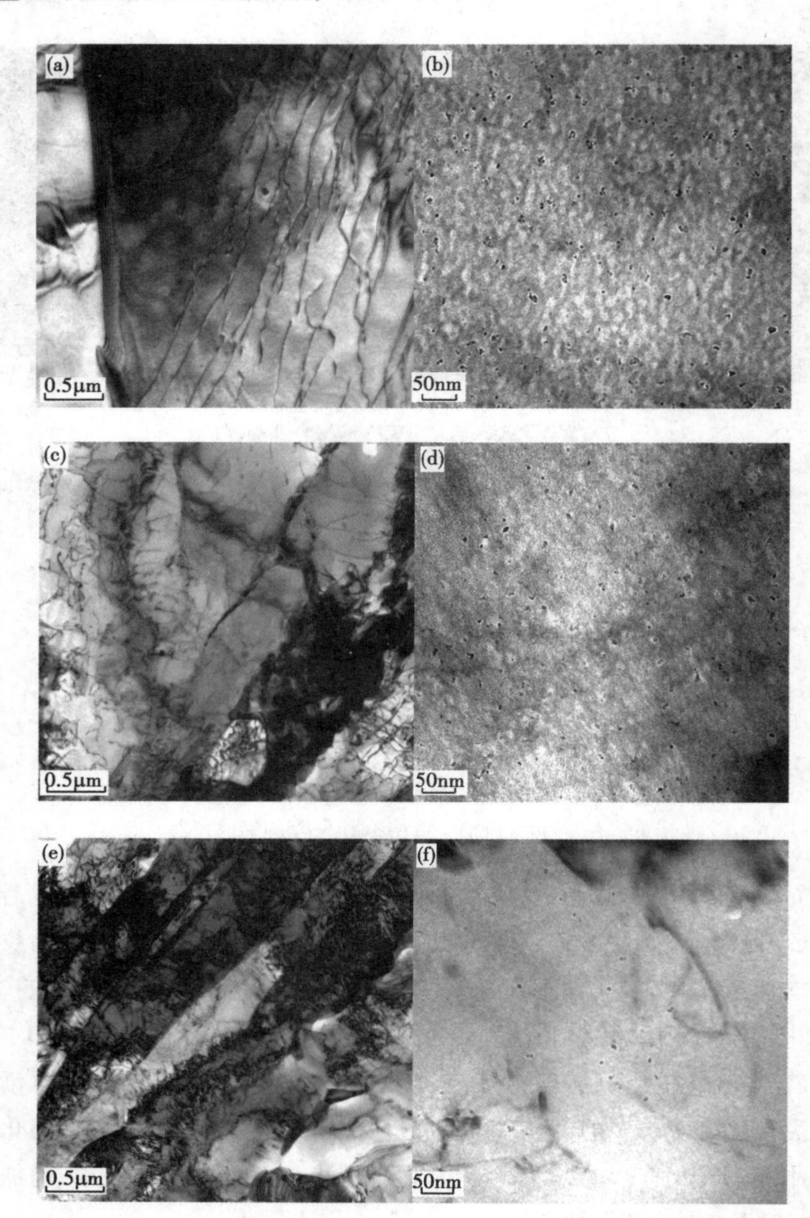

图 6.17　不同冷却方式下的精细结构(TEM)

(a)—ACC-位错；(b)—ACC-析出；(c)—UFC+ACC-位错；(d)—UFC+ACC-析出；
(e)—UFC-位错；(f)—UFC-析出

(2)超快速冷却方式对性能的影响

图 6.18 给出了 315MPa 级含 Nb 船板钢采用不同的超快速冷却方式下的力

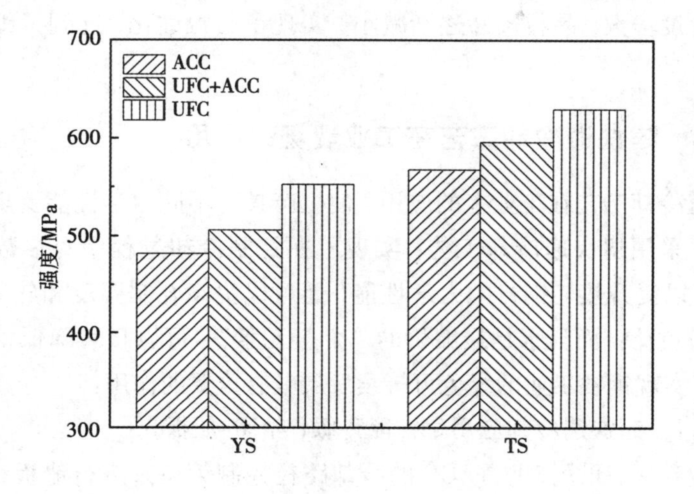

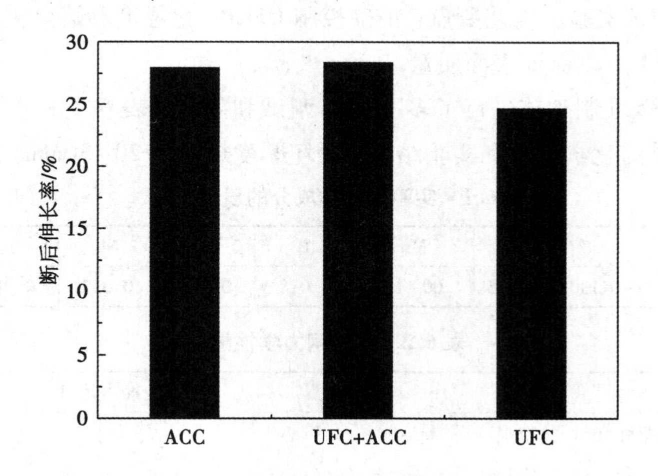

图 6.18　实验钢力学性能随冷却方式的变化

学性能情况。采用 ACC 冷却的实验钢，屈服强度为 481MPa，抗拉强度为 567MPa，断后伸长率为 28.0%；采用 UFC+ACC 冷却的实验钢，屈服强度为 505MPa，抗拉强度为 596MPa，断后伸长率为 28.4%；仅采用 UFC 冷却的实验钢，屈服强度为 552MPa，抗拉强度为 630MPa，断后伸长率为 24.7%。在相同的终轧温度和终冷温度下，随着冷却速度的增大，实验钢屈服强度、抗拉强度明显升高。与采用 ACC 冷却相比，采用 UFC 冷却时，实验钢抗拉强度提高了 63MPa，屈服强度提高了 71MPa。

这是因为采用UFC冷却时，冷却速度较大，最终组织中低温相变组织(AF，B)增多，可起到相变强化的作用，屈服强度和抗拉强度显著提高；同时随着冷却速度增大，晶粒尺寸逐渐减小，实现了晶粒细化，起到了细晶强化的作用。

6.3.2 超快速冷却工艺在工业现场的应用

超快速冷却工艺在工业上的应用，使生产具有不同力学性能要求的热轧钢成为可能。采用超快速冷却工艺，实现了在控制冷却过程中对参数的精确调控，不仅可以提升热轧钢材的力学性能，还可以提高轧制温度和轧制节奏，减轻生产设备负荷。而且水是最廉价的“合金元素”，可以显著降低钢材生产成本，这对于实现钢铁工业的绿色可持续发展具有重要的作用。

6.3.2.1 超快速冷却应用之性能升级(含Nb船板)

在工业现场，采用UFC+ACC的冷却路径控制策略来进行船板钢AH32升级AH36的调试实验。工艺要点：精确控制UFC终止温度和返红温度；终轧温度不低于900℃，以保证表面质量。

AH32升级轧制工艺进行了多次现场调试和生产，表6.1和表6.2分别给出了工业调试的化学成分和实验结果，板坯厚度规格为20~30mm。

表6.1 实验钢化学成分的质量分数 单位:%

熔炼号	C	Si	Mn	P	S	Nb	Ti	Al
116D2193	0.100~0.130	0.165	1.00~1.30	0.018	0.005	0.037	0.012	0.034

表6.2 实验钢力学性能

批号	拉伸			冲击功/J			
	屈服强度/MPa	抗拉强度/MPa	断后伸长率/%	1	2	3	平均值
7480	391	506	29.5	251	257	262	257
7482	425	538	21.5	226	251	236	238
7483	382	503	23	269	264	258	264
7484	412	517	24	239	224	197	220
7485	409	523	26.5	273	289	287	283
7486	405	522	23	137	113	126	125
7488	404	514	25.5	260	290	187	246

图 6.19 给出了批号 7480 所对应的表面金相组织。可以看出，表面出现了部分准多边形铁素体，该组织使得强度和塑性得到显著提高。所获得的力学性能完全能够满足 AH36 的要求，且工艺稳定性较高，吨钢可节约成本 100 元。

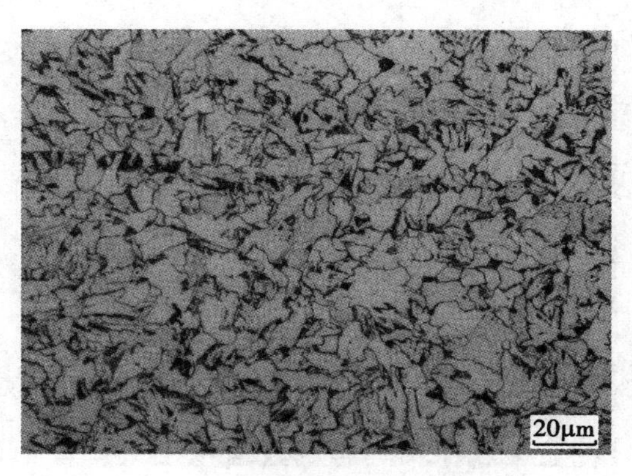

图 6.19　批号 7480 所对应的表面金相组织

6.3.2.2　超快速冷却应用之成本减量化(含 Nb 管线钢)

在国内某 2250 现场，利用超快速冷却开发了低成本 X70 管线钢。与传统 X70 管线钢相比，大幅度降低了钢中的 Mo 含量。实验钢化学成分(质量分数) C 为 0.03%~0.07%；Mn 为 1.2%~1.7%；Nb+Ti+Cr 小于 0.25%；Mo 为 0.05%。表 6.3 给出了实验钢的力学性能。

表 6.3　管线钢的力学性能

钢卷号	超快速冷却结束温度/℃	屈服强度/MPa	抗拉强度/MPa	断后伸长率/%	冲击功/J	DWTT/%	HV 硬度
1A10275600	650~750	530 485 580 580	630 640 675 675	34 36.5 38 37	320, 347, 331,	85, 90	216
1A10275500	650~750	560 545	665 660	35 35	285, 289, 294	80, 80, 80	214
1A10275700	650~750	560 580	685 680	34.5 35	301, 294, 328	85, 85	234
1A10275800	650~750	560 580	685 680	34.5 35	301, 294, 328	85, 85	234

结果表明，采用 UFC 后力学性能均满足要求，且强度得到了提高，卷取温度可提高 30~90℃。图 6. 20 给出了 1A10275700 钢卷工艺对应的金相组织照片。

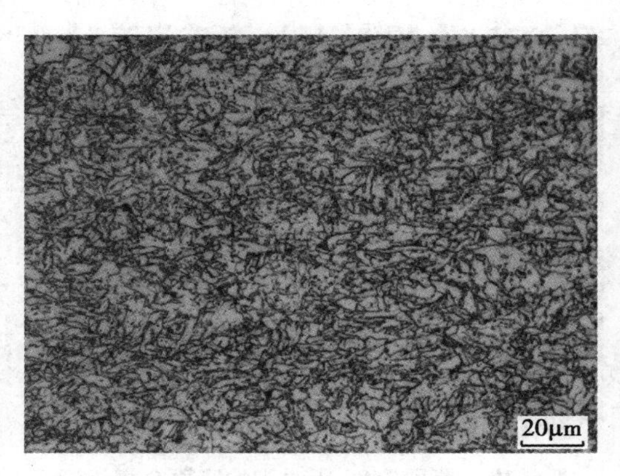

图 6. 20　1A102757002 工艺对应的金相组织

由图 6. 20 可以看出，实验钢组织由细小的铁素体和贝氏体组成。在随后的调试和批量生产的 X70 管线钢中，逐步取消了钢中的 Mo，最大限度降低了生产成本，吨钢节约成本 300 元以上。同时将超快速冷却技术应用到 X80~X100 管线钢中，也取得了良好的效果。

6. 3. 2. 3　超快速冷却应用之低负荷快节奏轧制(含 Nb 汽车大梁钢)

在国内某 2250mm 现场采用超快速冷却进行了 510L 试轧，规格为 4. 8mm×1500mm，实验钢的化学成分如表 6. 4 所示。

表 6. 4　实验钢的化学成分的质量分数　　单位:%

钢卷号	C	Si	Mn	Nb	Ti	Al	P	S
0504903201010	0. 05~0. 08	0. 2828	1. 0~1. 3	0. 017	≤0. 02	0. 0376	0. 0149	0. 0023

表 6. 5 给出了主要工艺参数和性能对比情况。图 6. 23 给出了采用超快速冷却工艺实验钢的金相组织。

表 6.5　主要工艺参数和性能对比

冷却方式	终轧温度/℃	卷取温度/℃	穿带速度/(m·s^{-1})	抗拉强度/MPa	断后伸长率/%	屈强比	成品厚度/mm
常规 ACC	850	550	5.11~6.27	535	30.5	0.8598	4.8
	850	550	5.11~6.27	540	31.5	0.8333	4.8
	850	550	4.3~5.33	540	27.5	0.9074	5.75
	850	550	4.3~5.33	540	28.5	0.8888	5.8
	840	550	3.81~4.6	525	30	0.8762	7.8
UFC+ACC	910	555	9.56~10.13	537.5	33.5	0.8372	4.8

由表 6.5 可以看出，采用 UFC+ACC 的冷却方式，在保持化学成分相同的前提下，在卷取温度相同时，提高终轧温度 60℃，大大降低了轧机负荷；穿带速度提高 75%以上，提高了轧制节奏；抗拉强度并没有下降，且断后伸长率提高 2%~6%，屈强比较低。从图 6.21 中可以看出，组织由铁素体和少量珠光体构成。

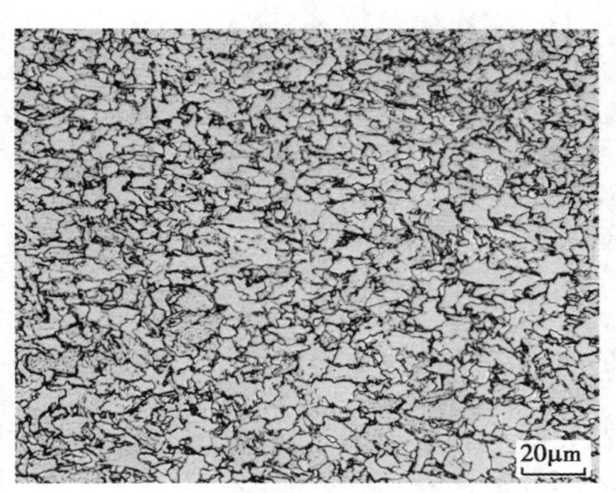

图 6.21　实验钢金相组织

工业化生产结果表明，超快速冷却实现了含 Nb 船板钢 AH32 升级 AH36；实现了含 Nb 高钢级管线钢无/少 Mo 的成分设计，降低了生产成本；实现了含 Nb 汽车大梁钢的高温、低负荷、高效率轧制。除此之外，超快速冷却技术在其他钢种里的应用也取得了突出的成果。

超快速冷却技术已被列入相关发展规划和指南中，同时被中国钢铁工业协会、中国金属学会列为钢铁行业重点推广技术。该技术已在首钢迁安 2160、京唐 2250、鞍钢 2150、包钢 CSP 等多条生产线上推广使用，大大推动了我国钢铁行业的发展进程。

参考文献

[1] 蒋小冬.屈服强度 390MPa 级低合金钢的组织演变与力学性能研究[D].沈阳:东北大学,2015.

[2] 马良宇.节约型 X70 级管线钢组织演变及力学性能研究[D].沈阳:东北大学,2016.

[3] 孙晓青.高延展性 EH40 级船板钢组织性能研究[D].沈阳:东北大学,2018.

[4] 李华.X80 管线钢组织调控与力学性能研究[D].沈阳:东北大学,2019.

[5] 杨浩.超快冷条件下含 Nb 高强船板钢的组织性能调控[D].沈阳:东北大学,2016.